建筑

高等职业教育土建类『十四五』系列教材

建筑装饰CAD

JIANZHU ZHUANGSHI CAD

主 编 张 爽

副主编 柯尊茂 张 亮

华中科技大学出版社
http://press.hust.edu.cn
中国·武汉

内 容 简 介

本教材围绕 CAD 基础、施工图绘制、施工图强化三方面编写而成。教材由浅入深、由简到繁地介绍了如何运用 AutoCAD 软件绘制建筑装饰施工图，以实用为出发点，系统、全面地介绍了使用 AutoCAD 软件必备的基础知识以及施工图绘制技巧，内容丰富，实用性强，可作为高等职业院校、高等专科学校及各类职业技术院校建筑装饰、室内设计等相关专业的教学用书，也可供建筑从业者自学参考。

本教材适合具备工程基础知识的工程技术人员、高职高专院校师生以及对建筑 CAD 软件感兴趣的读者使用，通过学习，读者可以快速入门及提高 AutoCAD 使用技巧。

图书在版编目（CIP）数据

建筑装饰 CAD / 张爽主编 . —武汉：华中科技大学出版社，2023.1
ISBN 978-7-5680-9100-8

Ⅰ . ①建⋯　Ⅱ . ①张⋯　Ⅲ . ①建筑装饰 – 建筑制图 – 计算机辅助设计 – AutoCAD 软件
Ⅳ . ① TU238-39

中国国家版本馆 CIP 数据核字（2023）第 012098 号

建筑装饰 CAD
Jianzhu Zhuangshi CAD

张爽　主编

策划编辑：康　序	
责任编辑：刘姝甜	
封面设计：孢　子	
责任监印：朱　玢	
出版发行：华中科技大学出版社（中国·武汉）	电话：（027）81321913
武汉市东湖新技术开发区华工科技园	邮编：430223
录　　排：武汉创易图文工作室	
印　　刷：武汉市洪林印务有限公司	
开　　本：787 mm×1092 mm　1/16	
印　　张：13.5	
字　　数：354 千字	
版　　次：2023 年 1 月第 1 版第 1 次印刷	
定　　价：48.00 元	

　　《建筑装饰CAD》是按照课程教学标准的要求,结合《建筑制图标准》(GB/T 50104—2010)以及编者收集整理的建筑装饰有关的参考资料等,依照工程实践编写而成的,系统地介绍了装饰与室内设计专业使用CAD软件的基础知识,如界面优化,绘图命令、编辑命令的使用,图层、文字、尺寸标注的设置,布局、面域、打印,以及施工图绘制技巧等,同时还编入了许多典型的工程实践案例。本教材以零基础读者为对象设定教学方案,让零基础读者能有效、快速学会CAD基础功能。

　　本教材在内容安排上是从简单的操作着手,引导读者一步一步进行绘图,通过精心设计实例,使读者在实际操作中真正掌握每一个命令,轻轻松松、全面系统地学习建筑CAD,最终完成施工图绘制,掌握CAD施工图绘制技巧。教材中每部分知识点均附有问答及练习,既是内容的概括归纳和实践经验总结,也是编者从事CAD教学、实践多年的总结和体会。编者结合教学、实践中遇到的各种问题,有针对性地设置问答环节,指出初学者经常会遇到的状况,再通过教学、实践加以解决,可使读者更容易解决工作岗位上的实际问题。

　　本教材适用AutoCAD各版本,注重零基础读者学习与实践之间的匹配性,在形式上更加新颖活泼,在内容上更加精练简洁,学习目标明确,降低了零基础读者理论学习的难度。

　　本教材具有较强的针对性、实用性和通读性,可作为高职高专院校建筑装饰、室内设计专业及其他相关专业的课程教学用书,也适用于在职职工的岗位培训,还可作为广大建筑从业人员自学的参考书。

　　本教材由黄冈职业技术学院张爽担任主编,鄂州市恒瑞建材经营部总经理柯尊茂和黄冈壹舍装饰工程有限公司的设计总监张亮担任副主编,分别负责教材中CAD概述部分和最后的装饰施工图综合训练部分的编制。编者均有着多年装饰工程设计以及施工图绘制经验。本教材在编写过程中使用的施工图例都是源于黄冈壹舍装饰工程有限公司本地在建工程案例。

　　本教材在编写过程中参考了大量国内外图书,在此向相关作者致以诚挚的谢意!

　　由于编写时间及编者水平有限,教材中不足及疏漏之处在所难免,敬请广大读者批评指正,编者深表感谢!

编　者

2023 年 1 月

目录 Contents

情景 1

CAD 基础

CAD JICHU

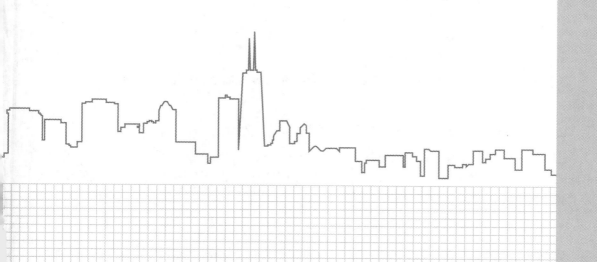

1.1　CAD 概述

计算机辅助设计(computer aided design，CAD)是以计算机为工具、以人为主体的一种设计方法和技术，利用计算机及其图形设备，设计人员可更方便地进行设计工作。

1.1.1　CAD 工作原理

在绘制施工图过程中，计算机可以帮助设计人员完成计算、信息存储和制图等项工作。在设计中，设计人员通常要用计算机对不同方案进行大量的计算、分析和比较，以决定最优方案。各种设计信息，不论是数字的、文字的还是图形的，都能存放在计算机的内存或外存里，并能快速地检索。设计人员通常用草图开始设计，明确设计思路；使用快捷键输入输出大量数据，绘制图形；及时对设计做出判断和修改，由计算机自动产生设计结果；利用计算机进行与图形的编辑、放大、缩小、平移、复制和旋转等有关的图形数据加工工作。

1.1.2　CAD 的优点

CAD 有如下优点。

1. 劳动强度降低，图面清洁

利用 CAD 可减少绘图劳动量和直接设计费用，缩短设计周期，且能真正做到方便、整洁、轻松。

2. 易于实现设计工作的高效及设计成果的重复利用

CAD 之所以高效，因为其可以复制使用，对于一些相近、相似的工程设计，图纸内容可简单修改或者直接套用。CAD 软件可以将建筑施工图直接转成设备底图，使水暖、电气的设计师不必在描绘设备底图上浪费时间。

3. 易于修改设计，提高精度和设计效率

建筑设计的尺度一般标注到毫米，用 CAD 可精确标注、绘制一些规模大、复杂的建筑施工图。CAD 软件大多提供丰富的分类图库、通用详图，设计师需要时可以直接调入，可大大提高绘图设计效率。另外，CAD 图易于修改设计，设计成果可以反复利用，便于建立标准图及标准设计库。

4. 资料保管方便

CAD 软件制作的图形、图像文件可以直接存储在软盘、硬盘上，资料的保管、调用极为方便，存储也不占用实体空间。

5. 在建筑表现图上极具优势

CAD 制作建筑效果图，其透视关系、光影关系、建筑材料的质感，都可真实再现、惟妙惟肖，添加树木、人、天空、汽车配景，几可乱真；结合 3D 软件可搭建三维模型，铺贴模型材质，快速生成超现实虚拟建筑效果图，任意旋转透视角度，使人仿佛身临其境，这是传统手绘效果图无法比拟的。CAD 联合 VR 技术，可以让人在虚拟的建筑中感受游览，让设计师在建筑设计上受益匪浅，推荐设计成果时也更有说服力。

6. 带来设计理念的改变

CAD 的智能化对行业设计的标准化、产业化起着巨大的推动作用。随着信息技术、网络技术的发展，跨地区合作设计、异地招投标、异地设计评审也将普及，这都将带来设计理念的改变。

1.1.3　CAD 技术发展概况

CAD 技术已经经历了 50 多年的发展，纵观 CAD 的整个发展史，其可以分为以下五个阶段：

(1)初始准备阶段。1959 年 12 月在 MIT 召开的一次计划会议上，有学者明确提出了 CAD 的概念。

(2)研制试验阶段。1962 年，美国 MIT 林肯实验室的博士研究生发表了名为"Sketchpad 人机交互图形系统"的论文，首次提出计算机图形学、交互技术、分层存储的数据结构新思想，实现了人机结合的设计方法。1964 年美国通用汽车公司和 IBM 公司成功研制了将 CAD 技术应用于汽车前玻璃线性设计的 DAC-I 系统。这是 CAD 第一次用于具体对象的设计，在那之后 CAD 得到了迅猛的发展。

(3)技术商品化阶段。20 世纪 70 年代，CAD 技术开始步入实用化，从二维技术发展到三维技术，这一阶段开发 CAD 技术的软件公司层出不穷。

(4)高速发展阶段。20 世纪 80 年代开始，CAD 技术进入了高速发展阶段。随着科学技术的迅速发展，计算机的成本大幅度下降，计算机硬件和软件的功能提高，价格不升反降，CAD 的硬件配置和软件开发成本能够被中、小型企业承受，从此 CAD 技术不再被大企业垄断。Autodesk 公司 1982 年推出微机辅助设计与绘图软件系统 AutoCAD，随后多次更新版本，完善系统功能，对 CAD 发展的历程产生了巨大的影响。

(5)全面普及阶段。20 世纪 90 年代开始，CAD 技术在设计领域得到了广泛应用，成为工程界一种重要的设计手段。

1.1.4　CAD 技术的应用

CAD 技术广泛应用于土木建筑(建筑工程、装饰设计、环境艺术设计、水电工程、土木施工)、城市规划、园林设计、电子电气、机械设计(精密零件、模具、设备)、服装鞋帽、航空航天、轻工化工等诸多领域。

1. 制造业中的应用

CAD 技术已在制造业中广泛应用，其中以机床、汽车、飞机、船舶等制造业应用最为广泛、深入。众所周知,一个产品的设计要经过概念设计、详细设计、结构分析和优化、仿真模拟等几个主要阶段。同时,现代设计技术将并行工程的概念引入整个设计过程中,在设计阶段就对产品整个生命周期进行综合考虑。当前先进的 CAD 应用系统已经将设计、绘图、分析、仿真、加工等一系列功能集成于一个系统内。

2. 工程设计中的应用

CAD 技术在工程领域中的应用有以下几个方面:

(1)建筑设计,包括方案设计、三维造型、建筑渲染图设计、平面布景、建筑构造设计、小区规划、日照分析、室内装潢等各类 CAD 应用。一般建筑结构的设计都包含结构形式的选定、形状尺寸的假定、模型化、结构分析、验算、图面绘制、材料计算等过程。

(2)结构设计,包括结构平面设计、框 / 排架结构计算和分析、高层结构分析、地基及基础设计、钢结构设计与加工等。CAD 技术在土木建筑中最早就是应用在结构设计中的,所以有关土木建筑设计的 CAD 系统历史较长,发展比较成熟。土木建筑工程的施工,一般都包含以下几个过程,即投标报价、施工调查、施工组织设计、人员器材和资金的调配、具体施工及项目工程管理、验收等。目前,CAD 技术在每个过程中均有应用。

(3)设备设计,包括水、电、暖各种设备及管道设计。对应的 CAD 系统主要有三类:第一类为有关规划信息的存储和查询的系统,例如土质数据库系统、地域信息系统、地理信息系统、城市信息系统等,这一类系统多采用数据库系统的形式;第二类为信息分析系统,例如规划信息分析系统等;第三类为规划的辅助表现及制作系统,例如景观表现系统等。

(4)城市规划设计,如城市道路系统、绿地系统等市政工程设计。

(5)市政管线设计,如自来水、污水排放、天然气、电力、暖气、通信(包括电话、有线电视、数据通信等)等各类市政管道线路设计。现在 CAD 技术已应用到从基本规划到详细设计的各个方面。CAD 技术在维护管理中最早的应用是煤气、上下水管线图的计算机管理,其中包含管线的位置及管线的埋设条件。近年来,出现了以数据库为中心的道路设施的维护管理 CAD 系统。

(6)交通工程设计,如公路、桥梁、铁路、航空、机场、港口、码头等。

(7)水利工程设计,如大坝、水渠、河海工程等。

(8)其他工程设计和管理,如房地产开发及物业管理、工程概预算、施工过程控制与管理、旅游景点设计与布置、智能大厦设计等。

3. 电气和电子电路方面的应用

CAD 技术很早就被用于电路原理图和布线图的设计工作。目前,CAD 技术已扩展到印刷电路板的设计(布线及元器件布局),并在集成电路、大规模集成电路和超大规模集成电路的设计制造中大显身手,并由此大大推动了微电子技术和计算机技术的发展。

4. 仿真模拟和动画制作方面的应用

应用 CAD 技术可以真实地模拟机械零件的加工处理、飞机起降、船舶进出港口、物体受力破坏、飞行训练、作战方针系统、事故现场等场景。在文化娱乐界,人们已大量利用计算机(CAD 技术等)仿真模拟出现实世界中没有的原始动物、外星人以及各种场景等,并将动画和实际背景以及演员的表演天衣无缝地合在一起,拍制出一个个激动人心的巨片。

5. 其他应用

CAD 技术除了在上述领域中应用外,在轻工纺织、医疗和医药乃至体育方面也会用到。

1.1.5　AutoCAD 基本功能

由 Autodesk 公司推出的 AutoCAD 软件(常简称为 CAD)是一种常用的电脑绘图辅助工具,其基本功能如下:

(1)平面绘图。AutoCAD 提供了正交、对象捕捉、极轴追踪、捕捉追踪等辅助绘图工具,能以多种方式创建直线、圆、椭圆、多边形、样条曲线等基本图形对象。AutoCAD 具有强大的编辑功能,可以移动、复制、旋转、阵列、拉伸、延长、修剪、缩放对象等。

(2)标注尺寸。可以创建多种类型尺寸,标注外观可以自行设定。

(3)书写文字。能轻易在图形的任何位置、沿任何方向书写文字,可设定文字字体、倾斜角度及宽度缩放比例等属性。

(4)图层管理。图形对象可分别位于某一图层上,可设定图层颜色、线型、线宽等特性。

(5)三维绘图。可创建 3D 实体及表面模型,能对实体本身进行编辑。

(6)网络功能。可将图形在网络上发布,或是通过网络访问 AutoCAD 资源。

(7)数据交换。AutoCAD 提供了多种图形图像数据交换格式及相应命令。

(8)二次开发。AutoCAD 允许用户定制菜单和工具栏,并能利用内嵌语言 AutoLISP、Visual LISP、VBA、ADS、ARX 等进行二次开发。

1.1.6　CAD 学习心得

CAD 技术在各行各业发展速度很快,通过学习,我们会了解 CAD 的技术原理及发展史,了解 CAD 在各行各业的应用范围;AutoCAD 是一门专业技术性强、适用范围广的专业软件,通过学习,我们会了解 CAD 基本原理,掌握 CAD 绘图命令、修改命令、图层、图块、布局的使用,能够保存、输出、导入、打印 CAD 文件,掌握不同施工图 CAD 绘制技巧,为今后的学习奠定良好的基础。

1. 基础很重要

学习 CAD,需要具备画法几何知识及识图能力,尤其是几何作图能力。

2. 循序渐进

整个学习过程应采用循序渐进的方式,先了解计算机绘图的基本知识,由浅入深、由简到繁地掌握 CAD 的使用技巧。

3. 学以致用

在学习 CAD 命令时始终要与实际应用相结合,不要把主要精力花费在各个命令的孤立学习上,要把学以致用的原则贯穿整个学习过程。对绘图命令有深刻、形象的理解,有利于培养应用 CAD 独立完成绘图的能力。

4. 熟能生巧

独立完成几个综合实例，详细地进行图形的绘制，尽量从全局的角度掌握整个绘图过程。

5. 需要掌握的技巧

(1)有比较，才有鉴别。

对于容易混淆的命令，如视图缩放(ZOOM)、平移(PAN)、移动(MOVE)等，要注意弄清它们之间的区别。

(2)层次要清楚。

图层就像是透明的覆盖图，运用它可以很好地组织不同类型的图形信息。学习过程中，有的人图省事，直接从对象特性工具栏的下拉列表框中选取颜色、线型、线宽等实体信息，使得后续处理图形中的信息不那么容易，这是一个不好的习惯，要注意纠正。严格做到层次清楚，标准作图，可养成良好习惯，受益匪浅。

(3)粗细线要清楚。

应使用线宽设置，结合粗线和细线清楚地展现出部件的截面、深度、尺寸线以及不同的对象厚度。不同行业、同一行业的不同专业对图层、颜色、线宽的要求也不一样，设计单位对图纸都是有明确的要求的，在学习的时候就养成良好的习惯，事半功倍。

(4)内外有别。

利用 CAD 的块以及属性功能，可以大大提高绘图效率。块有内部图块与外部图块之分。内部图块是在一个文件内定义的图块，可以在该文件内部自由使用。内部图块一旦被定义，它就和文件同时被存储。外部图块是将块以文件的形式写入磁盘，其他图形文件也可以使用它，要注意这是外部图块和内部图块的一个重要区别。内部图块用 B(BLOCK)命令定义，外部图块用 W(WBLOCK)来定义，无论定义内部图块还是外部图块，确定适宜的插入点都非常重要，要不然插入图块的时候会很麻烦。

(5)滴水不漏。

图案填充要特别注意的地方是构成阴影区域边界的实体必须在它们的端点处相交，也就是说图形要封闭，要做到"滴水不漏"。

(6)写文字要标准。

文字是工程图中不可缺少的一部分，如尺寸标注文字、图纸说明、注释、标题等，文字和图形一起表达完整的设计思想。尽管 CAD 提供了很强的文字处理功能，但并没有直接提供符合工程制图标准的文字，因此要学会设置"长仿宋体"这一标准文字字体。设置"长仿宋体"的方法：打开"文字样式"对话框，新建一个样式，可取名为"长仿宋体"，在对话框中将"字体名"改为"仿宋_GB2312"，"宽度因子"也要改为 0.67。尺寸标注的文字可改为"italic.shx"字体。

注：如果图纸比较小，可以用操作系统的字体，例如宋体等。如果图纸大且文字多，建议使用 CAD 自带的单线字体("××.shx")，这种字体比操作系统字体占用的系统资源要少得多。

1.2　AutoCAD 介绍

AutoCAD(Autodesk Computer Aided Design) 是 Autodesk 公司(美国欧特克有限公司)于 1982 年出品的一款自动计算机辅助设计软件,用于二维绘图、设计文档和基本三维设计,它在全球广泛使用,可以用于土木建筑、装饰装潢、电子工业、服装加工等多个领域。

1.2.1　AutoCAD 的优点

AutoCAD 是目前应用最广的 CAD 软件,市场占有率居世界第一。AutoCAD 具有以下特点:

(1)具有完善的图形绘制功能。

(2)具有强大的图形编辑功能。

(3)可以采用多种方式进行二次开发或者用户定制。

(4)可以进行多种图形格式的转换,具有较强的数据交换能力。

(5)支持多种硬件设备。

(6)支持多种操作平台。

(7)具有通用性、易用性,适合各类用户。

AutoCAD 具有良好的用户界面,它是一个可视化的绘图软件,许多命令和操作可以通过菜单选项和工具按钮等多种方式实现。通过交互菜单或命令行输入方式,用户可以进行各种操作;它的多文档设计环境,让非计算机专业人员也能很快地学会使用,并在不断实践的过程中更好地掌握它的各种应用和开发技巧,从而不断提高工作效率;它具有广泛的适应性,可以在各种操作系统支持的微型计算机和工作站上运行。AutoCAD 版本系列具有丰富的绘图和绘图辅助功能,如实体绘制、关键点编辑、对象捕捉、标注、鸟瞰显示控制等,它的工具栏、菜单设计、对话框、图形打开预览、信息交换、文本编辑、图像处理和图形的输出预览等为用户的绘图带来很大方便。另外,它不仅在二维绘图处理方面越来越成熟,三维功能也更加完善,可方便地进行渲染。

从 AutoCAD 2000 开始,该软件系统又增添了许多强大的功能,如 AutoCAD 设计中心(ADC)、多文档设计环境(MDE)、Internet 驱动、新的对象捕捉功能、增强的标注功能以及局部打开和局部加载的功能,从而使 AutoCAD 系统更加完善。AutoCAD 版本如图 1-1 所示;手机版图标如图 1-2 所示。

图 1-1　AutoCAD 版本(部分)　　　　　图 1-2　AutoCAD 手机版图标

1.2.2　AutoCAD 软件操作

以在电脑上操作为例。

(1)开启:双击桌面 CAD 图标,或者单击"开始—所有程序—Autodesk",选择 AutoCAD 版本。

(2)新建:软件界面单击"新建"命令按钮或者按快捷键 Ctrl+N。

(3)翻开:软件界面单击"打开"命令按钮或者按快捷键 Ctrl+O。

(4)保存:软件界面单击"保存"命令按钮或者按快捷键 Ctrl+S。

(5)关闭:单击标题栏上的"关闭"按钮或者按快捷键 Alt+F4,还可以单击控制菜单上的按钮。

(6)安装(以 AutoCAD 2019 为例,介绍安装方法)。

第一步:找到下载好的 AutoCAD 2019 安装程序文件压缩包,解压。

第二步:在解压后的文件夹中找到安装程序文件,双击,进入安装界面,点击"安装"按钮,如图 1-3 所示。

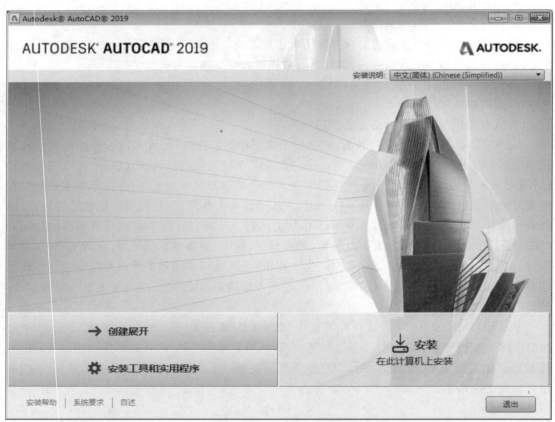

图 1-3　安装第二步

第三步:在出现的界面上点选"我接受",如图 1-4 所示,接受许可协议,然后点击"下一步"按钮。

第四步:选择安装路径,如图 1-5 所示,点击"安装"按钮。注意:安装路径不能包含中文。

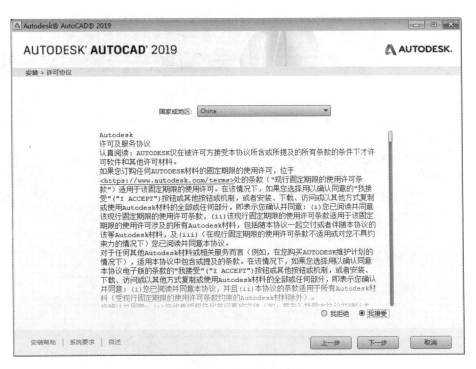

图 1-4　安装第三步

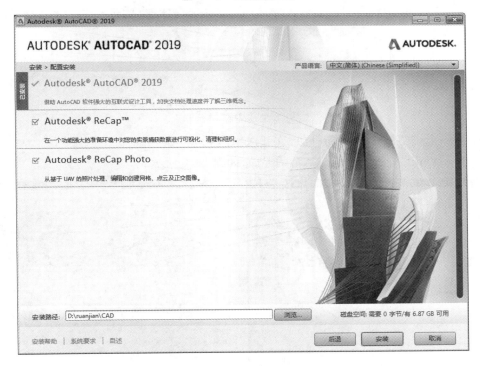

图 1-5　安装第四步

第五步：等待安装，如图 1-6 所示。安装过程一般只需几分钟，请耐心等待。

第六步：安装完成，点击"完成"按钮，如图 1-7 所示。

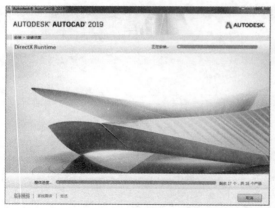

图 1-6　安装第五步　　　　　　　　　　　　图 1-7　安装第六步

第七步：点击输入序列号，选择许可类型，如图 1-8 所示。

图 1-8　安装第七步

第八步：点击"我同意"按钮，同意许可，如图 1-9 所示。

第九步：点击"激活"按钮，进入激活界面，如图 1-10 所示。

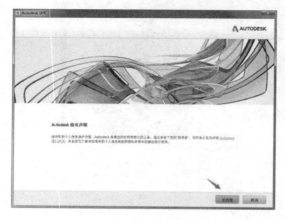

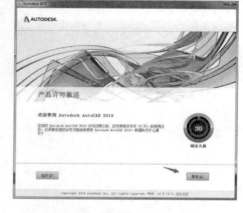

图 1-9　安装第八步　　　　　　　　　　　　图 1-10　安装第九步

第十步：输入序列号和产品密钥，如图 1-11 所示。

图 1-11　安装第十步

第十一步：点击"下一步"按钮，按提示填写信息，完成激活。

第十二步：双击桌面的 AutoCAD 2019 图标，开始运行 AutoCAD，如图 1-12 所示。加载完成后进入 AutoCAD 2019 界面，如图 1-13 所示。

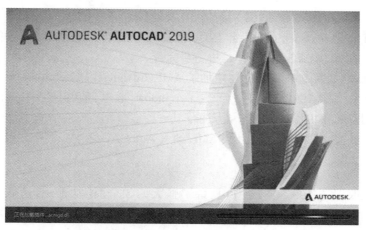

图 1-12　安装第十二步

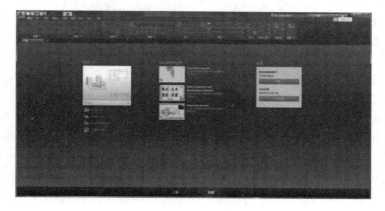

图 1-13　AutoCAD 2019 界面

1.2.3　AutoCAD 的发展概述

AutoCAD 的发展可分为初级阶段、发展阶段、高级发展阶段、完善阶段和进一步完善阶段五个阶段。

1. 初级阶段

(1)AutoCAD V1.0(1982 年 11 月)：由美国 Autodesk 公司正式推出，无菜单，执行方式类似 DOS 命令。

(2)AutoCAD V1.2(1983 年 4 月)：具备尺寸标注功能。

(3)AutoCAD V1.3(1983 年 8 月)：具备文字对齐、颜色定义、图形输出功能。

(4)AutoCAD V1.4(1983 年 10 月)：图形编辑功能加强。

(5)AutoCAD V2.0(1984 年 10 月)：图形绘制及编辑功能增加。

2. 发展阶段

(1)AutoCAD V2.17 ~ V2.18(1985 年)：AutoLISP 初具雏形。

(2)AutoCAD V2.5(1986 年 7 月)：AutoLISP 有了系统化语法，使用者可改进和推广。

3. 高级发展阶段

(1)AutoCAD V2.6(1986 年 11 月)：新增 3D 功能。

(2)AutoCADR(Release)9.0(1988 年 2 月)：添加了状态行和下拉式菜单功能。

(3)AutoCADR 10.0(1988 年 10 月)：进一步完善。

(4)AutoCADR 11.0(1990 年 8 月)：增加了 AME(Advanced Modeling Extension)。

(5)AutoCADR 12.0(1992 年 8 月)：开发了 Windows 版本，采用 DOS 与 Windows 两种操作环境，使用了工具条，平面(2D)功能日益完善。

(6)AutoCADR 13.0(1994 年 11 月)：AME 纳入 AutoCAD 之中。

4. 完善阶段

(1)AutoCADR 14.0(1997 年 4 月)：具备了强大的 3D 建模功能，且适应 Pentium 机型及 Windows 95/NT 操作环境，实现与 Internet 网络连接，操作更方便，运行更快捷，实现中文操作。

(2)AutoCAD 2000(AutoCADR 15.0)(1999 年)：除了兼有以前版本的功能外，又增加了 Internet 功能，并且提供了更开放的二次开发环境，出现了 Visual LISP 独立编程环境，同时 3D 绘图及编辑更方便。

5. 进一步完善阶段

在 AutoCAD 软件发展初期，它仅仅是图板的替代品，之后其以二维绘图为主要目标，作为 CAD 技术的一个分支而相对单独、平稳地发展。早期应用较为广泛的是 CADAM 软件，近十年来占据绘图市场主导地位的是 Autodesk 公司的 AutoCAD 软件。今天 CAD 的中国用户，特别是初期用户，用其进行二维绘图的仍然占有相当大的比重。AutoCAD 几乎每年都会推出新版本，功能逐渐完善和加强。在不同的行业中，Autodesk 公司开发了行业专用的版本和插件：在机械设计与制造行业中发行了 AutoCAD Mechanical 版本；在电子电气设计行业中发行了 AutoCAD Electrical 版本；在勘测、土方工程与道路设计行业发行了 AutoCAD Civil 3D 版本；而学校里教学、培训中所用的一般都是 AutoCAD 简体中文(simplified Chinese)版本；一般没有特殊要求的服装、机械、电子、建筑行业的公司都是用的 AutoCAD 简体中文版本，所以 AutoCAD 简体中文版本基本上是通用版本。

1.3　AutoCAD 基础知识

1.3.1　AutoCAD 用户界面

　　AutoCAD 用户界面主要由标题栏、菜单栏、工具栏、绘图区、命令行、状态行等组成，如图 1-14 所示。

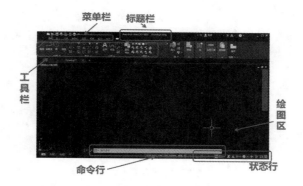

图 1-14　AutoCAD 用户界面

1. 标题栏

标题栏处显示软件名称和当前图形文件名。

2. 菜单栏

用户用鼠标左键单击菜单栏的某一项，则系统弹出该项下包含的各选项，用户再单击需要的选项，系统即执行该项操作。

3. 工具栏

工具栏将各种命令操作用不同的图标按钮表示，用户只需用鼠标左键单击某一个按钮，系统即执行该项操作。

4. 绘图区

用户按命令提示在绘图区内拾取点或选择实体就可完成绘图或修改操作。

5. 命令行

用户在命令行处用键盘输入各种操作的英文命令或其简化命令(命令中的字母不区分大小写),系统即执行该项操作。开关命令行快捷键: Ctrl+9。

6. 状态行

状态行左边显示光标位置坐标,右边显示光标捕捉模式、栅格模式、正交模式、模型 / 图纸空间等的状态。

小知识

正交功能使用户可以很方便地绘制水平、竖直直线。

对象捕捉功能可帮助用户拾取几何对象上的特殊点。

追踪功能使画斜线及沿不同方向定位点变得更加容易。

问: 启动 AutoCAD 后,如何将 AutoCAD 经典用户界面与草图、注释进行转换?

答: 切换工作空间即可。打开 AutoCAD,找到"切换工作空间"按钮,单击,出现图 1-15 所示界面,切换 AutoCAD 经典模式到草图与注释模式。也可以打开 AutoCAD,单击"管理—用户界面—自定义—所有文件中的自定义设置",鼠标选中工作空间下面的"草图与注释"后单击右键选择"置为当前"或"设定默认",点击"确定"按钮。

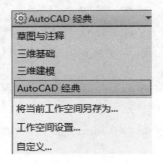

图 1-15　AutoCAD 工作空间切换

问: CAD 中如何设置文件的打开和保存?

答: 文件打开:找到"打开"命令按钮,单击,在弹出的"选择文件"对话框中选中要打开的文件,单击"打开"按钮即可。文件保存:找到"保存"命令按钮,单击即可;也可按快捷键 Ctrl+S。dwg 是 CAD 文件特有格式,可以设置成自动保存模式,如设置为每 10 分钟自动保存一次:在绘图区单击鼠标右键,选择"选项—打开和保存",勾选"自动保存","保存间隔分钟数"设为 10 即可,如图 1-16 所示。在该界面也可进行其他文件打开和保存的设置。

问: CAD 如何制作电子签名?

答: 把自己要做成电子签名的字写在白纸上,用手机拍照上传到电脑上,再打开 CAD 软件,在"插入"菜单栏中找到"外部参照"并点击;在下拉菜单中找到"附着图像"并点击;在"选择参照文件"对话框中找到之前所拍的照片,将其导入 CAD 中,把图像放大,用多段线命令 PL 描出文字的边框(见图 1-17),之后填充即可。

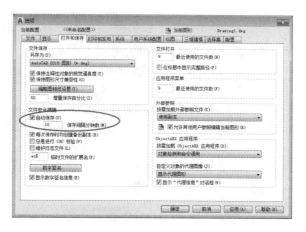

图 1-16　CAD 文件自动保存设置

图 1-17　AutoCAD 制作电子签名

小知识

设置背景颜色：单击鼠标右键，选择"选项—显示—颜色"，可选择"恢复传统颜色"，看起来比较舒服。

设置光标大小：单击鼠标右键，选择"选项—显示—十字光标大小"，可调至最大，方便画图时对比是否对齐。

以上两项设置如图 1-18 所示。

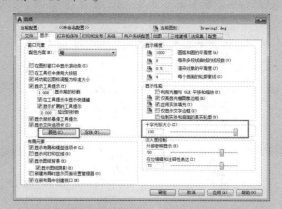

图 1-18　背景颜色设置及光标大小设置

修改文件自动保存的时间：单击鼠标右键，选择"选项—打开和保存"，将"自动保存"设为 3 或 5（每隔 3 分钟或者 5 分钟自动保存备份）。

去掉 ViewCube 选项：单击鼠标右键，选择"选项—三维建模"，去掉 ViewCube 的勾选，这样可让电脑运行得更快一点。

修改拾取框的大小：单击鼠标右键，选择"选项—选择集"，在图 1-19 所示界面将"拾取框大小"调至 60% 就可以方便地拾取（选中）CAD 里的线。

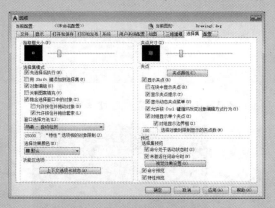

图 1-19　AutoCAD 修改拾取框大小

修改单位以及精度：选择"格式—单位"，将"精度"改为 0，"类型"改为小数，"单位"改为毫米。

问：CAD 中十字光标调到多大合适？

答：十字光标一般调到 5 左右比较好；专业绘图员喜欢调到 100。

问：怎样将背景颜色改为白色？

答：在绘图区单击鼠标右键，选择"选项—显示—颜色"，将"颜色"改为白色即可。设置过程中可以取消"显示图纸背景"和"显示图纸阴影"的勾选。

问：在 CAD 中，如何设置捕捉精度？

答：选择"工具—选项—草图"，对"自动捕捉标记大小""靶框大小"等进行设置，如图 1-20 所示，然后单击"确定"按钮；或者鼠标右键单击绘图区下方"对象捕捉"按钮（见图 1-21），接着选择"设置—选项"，亦可调出图 1-20 所示对话框。

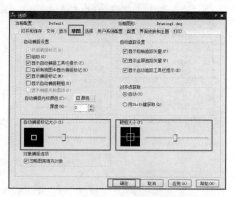

图 1-20　AutoCAD 捕捉精度设置

| 捕捉 | 栅格 | 正交 | 极轴 | 对象捕捉 | 对象追踪 | 线宽 | 模型 | 数字化仪 | 动态输入 |

图 1-21   "对象捕捉"按钮

问：CAD 中 Delete 键用不了怎么办？

答：当 CAD 中 Delete 键用不了时，有可能是因为 CAD 系统设置出了问题，因为设置"先命令后选择"还是"先选择后命令"操作是不一样的。一般设为"先选择后命令"，也就是先选择对象再执行命令；若设为"先命令后选择"则需要先执行命令再选择对象。Delete 键用不了需要将设置修改为"先选择后命令"，具体步骤：选择"工具—选项—选择"，勾选"先选择后执行"，如图 1-22 所示。

问：CAD 绘图完成保存过程中如何不生成 bak 文件？

答：bak 文件其实是 CAD 的备份文件，选择自动创建备份文件还是比较有用的，但是过多的备份文件也会占用存储空间。不生成 bak 文件的具体操作：选择"工具—选项—打开和保存"，取消勾选"每次保存均创建备份"，如图 1-23 所示，单击"确定"按钮。

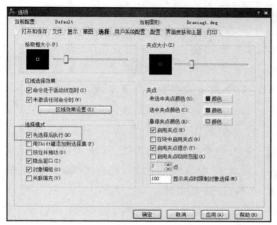

图 1-22   勾选"先选择后执行"

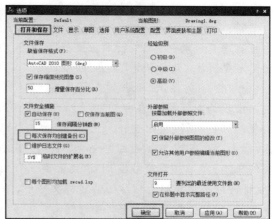

图 1-23   文件备份设置

问：双击了 dwg 文件但无法启动 CAD 怎么办？

答：正常情况下，双击 dwg 文件都能启动 CAD 以查看该文件；若双击了 dwg 文件但无法启动 CAD，并且与这一情况同时出现的还有 dwg 图标发生了改变，则说明 dwg 的默认打开方式发生了改变，并不是默认用 CAD 打开。解决办法：右击任意一个 dwg 文件，在"打开方式"中查找是否有 CAD。如果有，直接选择 CAD；如果没有，那么应浏览文件夹找到 CAD 的执行文件，用其打开 dwg 文件。或者先启动 CAD，接着以打开文件的方式打开该 dwg 文件。一般情况下，经过以上的操作能正常打开 dwg 文件，并且图标也变回原来的样子；倘若执行后并不能解决该问题，那么建议重装 CAD。

问：CAD 文件重命名后无法打开怎么办？

答：可能重命名导致文件没有了 .dwg 后缀名，如图 1-24 所示，对右边文件进行重命名后得到左边文件，而左边文件没有 .dwg 后缀名，因此 CAD 无法打开该文件；需要将原始文件再次重命名为包含 .dwg 后缀名的文件才可正常打开。倘若文件后缀名默认不显示出来，那么可以借助以下操作将其显示出来：在"开始"菜单上选择"计算机—工具—文件夹选项—查看"，取消"隐藏已知文件类型的扩展名"的勾选，如图 1-25 所示，单击"确定"按钮。

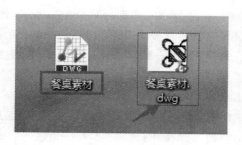

图 1-24　文件重命名后无后缀名

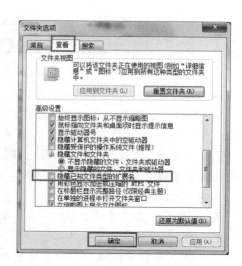

图 1-25　文件后缀名显示设置

问：CAD 为什么老是提示有"致命错误"？

答：在使用 CAD 的过程中常会因为开启程序过多、打开的图形过大或操作失误、打开了一些带有恶意代码的网页、版本转换、块的插入等很多原因而出现"致命错误"提示。有三个方法能避免出现"致命错误"。方法一：选择"文件—绘图实用程序—修复"，选择需要修复（出现"致命错误"）的图纸，单击"打开"按钮即可。若修复中途出现停顿，按回车键可继续操作，之后在出现的对话框中单击"确定"保存图纸。方法二：新建一个 CAD 文件，用块的形式插入要修复的文件，同时要改变插入的点坐标，如将默认的原坐标(0,0)改为(1,1)或(2,2)等其他坐标，插入后再把它整体搬回原坐标(0,0)。方法三：若用的是低版本的 CAD，可以下载一个比它高的版本，然后打开高版本的 CAD，新建一个文件，同时打开低版本的图，选择全部实体，选择"编辑—带基点复制"，粘贴到新建的文件中，如有必要，再转低版本。

问：CAD 如何快速调出命令行？

答：打开 CAD，进入 CAD 操作界面，若发现下面的命令行不见了，在键盘上按住 Ctrl+9，这样就弹出了命令行，拖动命令行的左边可拖动它，将它固定到界面下方，这样就完美还原了命令行。

问：CAD 如何将背景色变为黑色？

答：打开 CAD 图纸，背景有时默认成白色，要想将白色背景变成传统的黑色背景，具体操作如下：打开需要修改的 CAD 图纸，在空白处单击鼠标右键，选择"选项—显示"，再点击里面的"颜色"按钮，继续点击"颜色"选项处的打开下拉菜单的小黑三角，将颜色改为"黑"，之后点击下面的"应用并关闭"按钮及上一层的"确定"按钮即可。

1.3.2　画图前期准备

（一）切换工作空间

点击操作界面右下角"切换工作空间"图标，选择"AutoCAD 经典"，如图 1-26 所示，将工作界面更换成我们熟悉的模式，方便绘图。

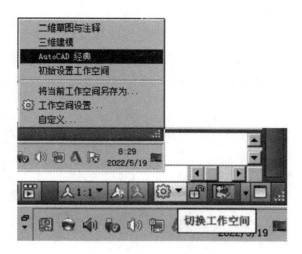

图 1-26　切换工作空间

(二)设置绘图单位和界限

作用:避免绘制的图形超出边界,用于定义用户的工作区域和图纸的边界,也相当于在绘图时确定了图纸的大小。

1.设置绘图单位

选择"格式—单位"命令打开"图形单位"对话框。图形单位可以在"拖放比例"区域中设置,如图 1-27 所示。CAD 中常用的单位是毫米,全书未特别注明处均以此为单位。

设置绘图界限可用命令 LIMITS。

适合 A3 图纸的图形界限为 420 mm × 297 mm,也是 AutoCAD 默认图形边界。

问:绘图前,绘图界限一定要设好吗?

答:画新图前最好按国标图幅设置好绘图界限(简称图界)。图形界限好比图纸的幅面,设好了图界,画图就能画在图纸上,一目了然。按图界绘的图打印很方便,还可实现自动成批出图。

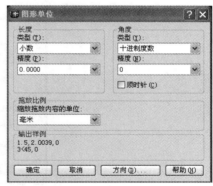

图 1-27　设置绘图单位

2.框选物体

(1)左框选:在绘图区域内单击并拖动鼠标,从左向右框选物体,全部内容包含在框选区域中的物体被选中。

(2)右框选:在绘图区域内单击并拖动鼠标,从右向左框选物体,局部在框选区域中的物体也被选中。

(3)滚轴:滚动滚轴放大或缩小图形(界面在放大或缩小),双击可全屏显示所有图形,如按住滚轴可平移界面。

(4)Esc 键:取消当前的操作。

(5)选择物体的方法。

想一想：

要把图 1-28 中短一点的线条一次性选中，左框选和右框选哪种更合适？

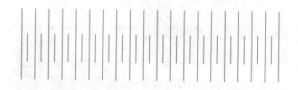

图 1-28　线条

问：绘制图纸有时需要对图形颜色进行统一修改，例如将原来的黄色改为蓝色，此时需要按颜色选择对象进行修改，那么在 CAD 中如何实现按颜色选择呢？

答：一般使用快速选择工具，具体步骤：选择"工具—快速选择"，在弹出的"快速选择"对话框中的"特性"里选择"颜色—确定"即可，如图 1-29 所示。

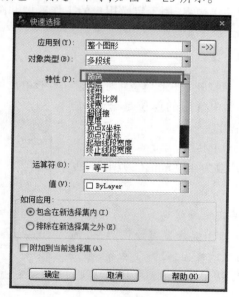

图 1-29　按颜色选择对象

问：CAD 工具栏不见了怎么让其显示出来？

答：打开 CAD 软件，发现工具栏没有显示，或者不小心将工具栏取消显示了，再让其显示出来的具体方法有两种。方法一：在工作区的空白处点击鼠标右键，选择"选项—配置—重置"即可。方法二：切换 CAD 的工作空间，如从"AutoCAD 经典"切换到"草图与注释"，工具栏就出现了。

问：如何快速选择指定条件的对象？

答：有如下两种方法。

方法一：通过"快速选择"对话框设置。在 CAD 软件的命令行输入 QSELECT，按回车键后会弹出"快速选择"对话框，可以根据指定的过滤条件快速定义一个选项集。

方法二：通过"图形搜索定位"对话框设置。

(1)在命令行输入 FILTER，按回车键，弹出"图形搜索定位"对话框，如图 1-30 所示。

(2)创建要求列表。可以分别在对象类型、特性、运算符和值中添加要求，然后单击"添加特性"按钮。也可点击"添加选定对象"按钮，从图中获取对象特性，点击"确定"按钮。

(3)"图形搜索定位"对话框关闭，弹出"选择对象"提示，在提示下选出需过滤的全部对象，创建一个选择集。

需要注意的是，在"特性"中选"颜色"时，若对象的颜色为"ByLayer"，则该对象不会被过滤出来。另外，可以对过滤器进行命名及保存。

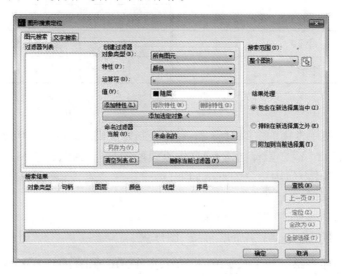

图 1-30　"图形搜索定位"对话框

1.4　基本图形的绘制

任何复杂的图形都可以分解成简单的点、线、面等基本图形，只要熟练掌握了基本图形的绘制方法，就可以方便、快捷地绘制出各种复杂图形。AutoCAD 提供了诸如点、直线、圆、圆弧、椭圆等一些基本实体绘制工具（见图 1-31），通过命令调用和光标定位可把它们画在图中，用来构造复杂图形。二维绘图快捷命令如表 1-1 所示。

图 1-31　绘图工具

表 1-1　二维绘图快捷命令

序号	命令名称	快捷命令	序号	命令名称	快捷命令
1	直线	L	8	椭圆	EL
2	射线	RAY	9	多段线	PL
3	构造线	XL	10	正多边形	POL
4	多线	ML	11	圆环	DO
5	圆	C	12	点	PO
6	圆弧	A	13	样条曲线	SPL
7	矩形	REC	14	填充	H

1. 直线

直线是各种绘图中常用的二维对象之一,其绘制方法简单。CAD 中可绘制任何长度的直线,可通过输入点的 X、Y、Z 坐标指定 CAD 中直线段的起点与终点。CAD 中绘制直线的命令为 LINE,快捷命令为 L。启用命令的方法如下:

方法一:直接在命令行输入 L。

方法二:在菜单栏中选择"绘图—直线"。

方法三:单击"绘图"工具栏中的"直线"图标 ✏。

【例】运用直线命令绘制一个长 2000 mm、宽 1000 mm 的长方形,如图 1-32 所示。

图 1-32　绘制长方形

操作过程:

在命令行输入 L,指定第一点为(0,0),第二点为(2000,0),第三点为(2000,1000),第四点为(0,1000),点选"闭合(C)",完成长方形绘制。

说明

①直线命令中:

在"指定下一点或 [闭合(C)/ 放弃(U)]"提示下输入 C,AutoCAD 会自动将已绘出的折线封闭并退出操作。

在"指定下一点或 [闭合(C)/ 放弃(U)]"提示下输入 U,AutoCAD 会自动删除折线中最后绘制的直线段。

②用 LINE 命令画出的折线中每一条直线段都是一个独立的对象,即可对每一条直线段进行单独的编辑。

在 AutoCAD 命令行输入 E 将执行删除图形对象操作。

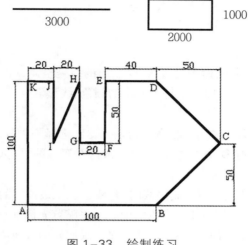

练一练：

试用 AutoCAD 绘制图 1-33 所示的图形，图中数据单位为 mm。

图 1-33   绘制练习

2. 射线

射线命令启用方法如下：

方法一：直接在命令行输入 RAY。

方法二：在菜单栏中选择"绘图—射线"。

方法三：单击"绘图"工具栏中的"射线"图标 。

【例】绘制起点相同的多条射线。

操作过程：

在命令行输入 RAY，输入射线的起点，再输入射线通过点，确定方向，如此即可得到一条射线。再输入另一通过点，可绘制起点相同的另一条射线。用这个方法可绘制得到起点相同的多条射线。

当所有射线画完时，按回车键结束命令。

3. 构造线

CAD 中绘制构造线的命令是 XLINE，快捷命令为 XL。命令启用方法如下：

方法一：直接在命令行输入 XL。

方法二：在菜单栏中选择"绘图—构造线"。

方法三：单击"绘图"工具栏中的"构造线"图标 。

在构造线命令行（见图 1-34）中：H 表示绘制水平构造线；V 表示绘制垂直构造线；A 表示绘制一定角度的构造线，可设定构造线角度，也可参考其他斜线进行角度复制；B 为二等分命令，可等分角度，显示夹角平分线；O 为偏移命令，可以任意选择图线偏移一定的距离。

命令：XLINE 指定点或 [水平(H)/垂直(V)/角度(A)/二等分(B)/偏移(O)]：

图 1-34   构造线命令行

【例】通过设置通过点绘制构造线。

操作过程：

命令行输入 XL,输入构造线通过点,再输入另一通过点,可确定方向绘制一条构造线。

当所有构造线画完时,按回车键结束命令。

4.多线

用多条平行线同时绘制的命令是多线,绘制出的线是整体,可以保存为多种样式,或者使用默认的两个元素样式。还可以设置每个元素的颜色、线型。

1)绘制多线的步骤

从"绘图"菜单中选择"多线",在命令行输入 ST,选择一种样式(列出可用样式)或输入样式名称(可直接输入已有多线样式名)。也可选择对正多线,输入 J 并选择上(顶端)对正、零对正或下(底端)对正。

上对正:该选项表示从左向右绘制多线时,多线上位于最顶端的线将随着光标进行移动。

零对正:该选项表示绘制多线时,多线的中心线将随着光标移动。

下对正:该选项表示从左向右绘制多线时,多线最底端的线将随着光标进行移动。

要修改多线的比例,输入 S 并输入新的比例即可。这一步为确定多线宽度相对于多线定义宽度的比例因子,该比例不影响线型的比例。下面开始绘制多线。

按提示指定起点,再指定第二点、第三点、第四点等,或将最后一步(已指定三点及以上)换为输入 C 以闭合多线。在当前图形状态下按 Enter 键可结束绘制。

2)编辑多线样式的步骤

从"格式"菜单中选择"多线样式",在"多线样式"对话框(见图 1-35)中,从"当前"列表里找到并选择多线名称,单击"添加"按钮可添加一个多线类型。选择"元素特性",在"元素特性"对话框(见图 1-36)的"元素"选项处确定参数,可以单击"添加"按钮,在两条线之间添加直线。

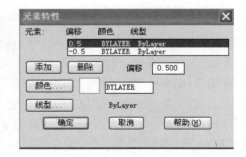

图 1-35　"多线样式"对话框　　　　图 1-36　"元素特性"对话框

在"元素特性"对话框"颜色""线型"选项处可设置不同的图线,如图 1-37 所示,单击"确定"按钮后在"多线样式"对话框中选择"保存",将对样式的修改保存到 MLN 文件中,选择"确定"，退出对话框。

在"修改"菜单中选择"对象—多线"可调出多线编辑工具(见图 1-38)编辑多线。

图 1-37　图线

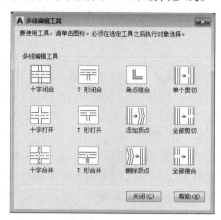

图 1-38　多线编辑工具

多线编辑工具有如下功能：

(1)添加和删除多线顶点。

可以在多线中添加或删除任何顶点。

(2)编辑多线交点。

如果图形中有两条多线，那么可以控制它们相交的方式。多线可以相交成十字形或 T 字形，并且十字形或 T 字形可以被闭合、打开或合并。

(3)单个剪切。

可以剪切多线上的选定元素。选择"单个剪切"命令后，AutoCAD 会提示指定第一个点。

将多线上的选定点用作第一个剪切点后，AutoCAD 显示待选择第二个点。在多线上指定第二个剪切点后完成剪切。

(4)全部剪切。

可以将多线剪切为两个局部。选择"全部剪切"命令后，AutoCAD 依然提示选取两个剪切点，选取后多线上两个剪切点之间的线及与之平行的多条线均被剪切。

(5)全部接合。

可以将已被剪切的多线线段重新接合起来。选择"全部接合"命令后，AutoCAD 提示将多线上的选定点用作接合的起点，选定后提示选择第二个点，即在多线上指定接合的终点。执行命令后多线被接合。

3)启用多线命令的方法

有如下方法：

方法一：直接在命令行输入 ML。

方法二：在菜单栏中选择"绘图—多线"。

【例】运用多线绘制一个中心线边长为 1000 mm 的正方框，如图 1-39 所示。

操作过程：

在命令行输入 ML，指定第一点为(0,0)，第二点为(1000,0)，第三点为(1000,1000)，第四点为(0,1000)，点选"闭合(C)"，完成正方框的绘制。

图 1-39   绘制正方框

利用多线命令可绘制建筑墙体。建筑墙体厚度设置与建筑所处地域、墙体类型(内墙、外墙)有关。比较常用的设置如下(单位:mm):

砌体结构:北方,外墙 370,内墙 240(对于楼层高的底层外墙也有的为 490);南方,外墙 240,内墙 240,隔墙 120。

框架结构:填充墙 200,内墙 200,隔墙 100。

使用多线命令绘制 240 mm 厚墙体的具体步骤如下:

在命令行输入多线命令 ML,输入 J 并设置对正方式为"无",输入 S 并设置比例为"240",依次指定点绘制多线。可通过设置多线样式设置墙体样式。

默认多线样式是 STANDARD 样式,可新建多线样式"墙体",对话框中的设置如图 1-40 所示。各个选项的含义如下。

封口:设置多线中的水平线之间两端封口的样式。

填充:设置封闭的多线内的填充颜色。

显示连接:显示或隐藏每条线段顶点处的连接。

图元:构成多线的元素,通过单击"添加"按钮可以添加多线构成元素,也可以通过单击"删除"按钮删除这些元素。

偏移:设置多线元素从中线的偏移值,正值表示向上偏移,负值表示向下偏移。

颜色:设置组成多线元素的直线线条颜色。

线型:设置组成多线元素的直线线条线型。

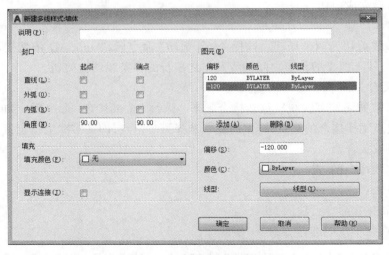

图 1-40   新建多线样式

练一练:

试用 CAD 完成图 1-41 中多线的绘制。

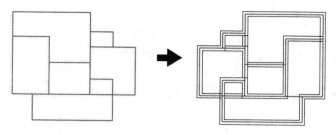

图 1-41　多线绘制练习

　　绘制墙体时,如果要求三线表示的话,在"偏移"处的"120"和"-120"之间添加一个偏移为"0"的图元即可。还可根据自己的喜好选择不同的颜色以及封口样式(见图1-42),并使用多线编辑工具中的"十字打开"命令(见图1-43),使墙体绘制得美观。

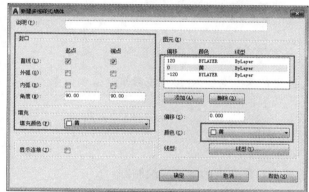

图 1-42　新建多线样式设置

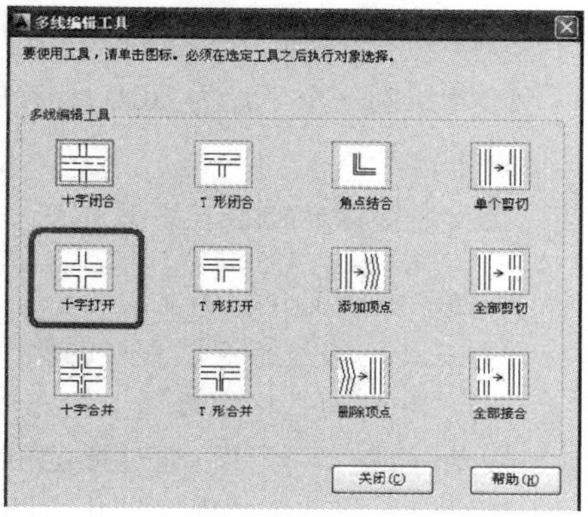

图 1-43　多线编辑工具中的
"十字打开"命令

5. 圆

　　绘制圆的命令为 CIRCLE,快捷命令为 C,命令启用方法如下:

　　方法一:直接在命令行输入 C。

　　方法二:在菜单栏中选择"绘图—圆"。

　　方法三:单击"绘图"工具栏中的"圆"图标 。

　　绘制圆(见图1-44)的几种形式:

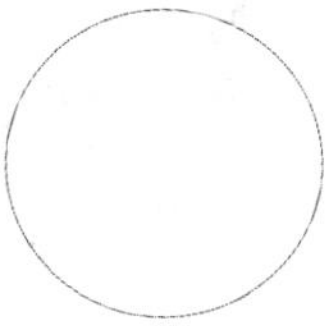

　　(1)通过指定圆心和半径或直径绘制圆。步骤:

图 1-44　圆

　　在命令行中输入 C,指定圆心,再指定半径或直径,按空格键。

　　(2)创立与两个对象相切、半径已知的圆。步骤:选择 CAD 中"切点"对象捕捉模式,在命令行中输入快捷命令 C,点击"T",选择与要绘制的圆相切的第一个对象,再选择与要绘制的圆相切的第二个对象,然后指定圆的半径,按空格键。

　　(3)用圆周上的三点创建圆,即通过指定第一点、第二点、第三点确定一个圆。

　　(4)创建相切于三个对象的圆。指定相切的三个对象可以画一个圆。

　　(5)用直径的两个端点创建圆。

　　在"绘图"工具栏中提供了 6 种画圆方法,如图 1-45 所示。

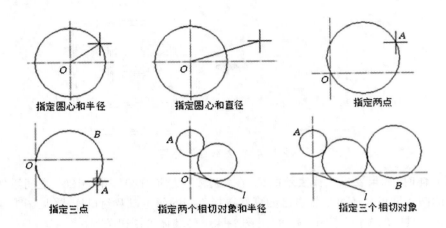

指定圆心和半径　　　　指定圆心和直径　　　　指定两点

指定三点　　　　指定两个相切对象和半径　　　　指定三个相切对象

图 1-45　6 种画圆方法

【例】绘制一个半径为 500 mm 的圆。

操作过程：

在命令行输入 C，在绘图区指定一点，再向任意方向输入 500，按回车键结束命令。

圆命令的选项介绍如下：

两点(2P)：通过指定圆直径的两个端点绘制圆。

三点(3P)：通过指定圆周上的三个点来绘制圆。

切点、切点、半径(T)：通过指定相切的两个对象和圆的半径来绘制圆。

弧线(A)：将选定的弧线转化为圆。

多次(M)：连续绘制多个相同设置的圆。

注意

　　(1)如果放大圆对象或者放大相切处的切点，有时看起来不圆滑或者没有相切，这其实只是显示的问题，只需在命令行输入 REGEN(或 RE)，按下回车键，圆对象即可变为光滑。也可以利用 VIEWRES 把圆的缩放百分比的数值调大，画出的圆就更加光滑了。

　　(2)绘图命令中嵌套着撤销命令 UNDO(即 U)，如果画错了不必立即结束当前绘图命令重新再画，可以在命令行里输入 U，按回车键，撤销上一步操作。

6. 圆弧

圆弧绘制命令为 ARC，快捷命令为 A。命令启用方法如下：

方法一：直接在命令行输入 A。

方法二：在菜单栏中选择"绘图—圆弧"。

方法三：单击"绘图"工具栏中的"圆弧"图标 。

"绘图"菜单中提供了绘制圆弧的 11 种方式。

（1）通过指定三点绘制圆弧：确定圆弧的起点位置，确定第二点的位置，确定第三点的位置，生成圆弧。

（2）通过指定起点、圆心、端点绘制圆弧。

已知起点、圆弧所在圆的圆心和端点，可以通过首先指定起点或圆弧所在圆的圆心来绘制圆弧。

（3）通过指定起点、圆心、角度绘制圆弧。如果存在可以捕捉到的起点和圆心点，并且已知包含角度，可使用"起点，圆心，角度"或"圆心，起点，角度"选项。

（4）如果已知两个端点及包含角度但不能捕捉到圆心，可以使用"起点，端点，角度"法。

（5）通过指定起点、圆心、长度绘制圆弧。如果可以捕捉到圆弧的起点和圆心点，并且已知弦长，可使用"起点，圆心，长度"或"圆心，起点，长度"选项。圆弧的弦长决定了其包含角度。

利用圆弧技巧可绘制许多图形，如图 1-46 和图 1-47 所示。

图 1-46　圆弧图形 1　　　　　　　　　　　　图 1-47　圆弧图形 2

【例】绘制两条圆弧，同起点，同终点。

操作过程：

在命令行输入 A，根据提示指定圆弧的起点，然后点选"端点(E)"，指定圆弧的端点后继续点选"半径(R)"，通过指定不同的半径，可以绘制出同起点、同终点、不同弧度的圆弧。

7. 矩形

矩形(rectangle)的种类如图 1-48 所示，其在 CAD 中的绘制命令是 RECTANG，快捷命令为 REC。矩形命令启用方法如下：

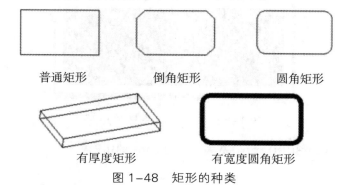

普通矩形　　　　倒角矩形　　　　圆角矩形

有厚度矩形　　　　有宽度圆角矩形

图 1-48　矩形的种类

方法一：直接在命令行输入 REC。

方法二:在菜单栏中选择"绘图—矩形"。

方法三:单击"绘图"工具栏中的"矩形"图标。

矩形的具体绘制步骤为:在命令行内输入命令 REC,用鼠标左键在操作窗口中指定第一角点 A,并拖动鼠标指定第二角点 B(见图 1-49)或在命令行内输入"@X,Y"。其中,X 为矩形在水平方向上的长度,Y 指矩形在垂直方向上的长度。

第一角点 A

第二角点 B

图 1-49　矩形绘制

绘制矩形时,如在指定第一点后按 D 键并按 Enter 键,则会使用尺寸方法创立矩形。此时需输入矩形的长度和宽度。

若不指定第一点而直接点击"倒角(C)",指定矩形的第一个倒角距离,然后指定矩形的第二个倒角距离,便可绘制出来一个带有倒角的矩形,如图 1-50 所示。

若不指定第一点而直接输入 F,指定矩形的圆角半径,便可绘制出一个圆角矩形,如图 1-51 所示。

 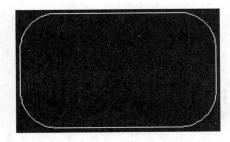

图 1-50　绘制的倒角矩形　　　　　　　图 1-51　绘制的圆角矩形

在不指定第一点时直接点击"宽度(W)",指定矩形的线宽,便可绘制出一个有线宽的矩形,如图 1-52 所示。

点击"厚度(T)",指定的厚度相当于长方体的高度。

点击"标高(E)",可设置当前图形标高值。

图 1-52　绘制的有线宽的矩形

【例】绘制一个长为 3000 mm、宽为 1000 mm 的矩形。

操作过程:

命令行输入 REC,在绘图区指定一点,输入"@3000,1000",按回车键结束命令。

练一练：

试用 CAD 完成图 1-53 中矩形的绘制。

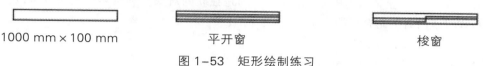

1000 mm × 100 mm　　　　平开窗　　　　梭窗

图 1-53　矩形绘制练习

8. 椭圆

椭圆(见图 1-54)在 CAD 中的绘制命令是 ELLIPSE,快捷命令为 EL。椭圆命令启用方法如下:

方法一:直接在命令行输入 EL。

方法二:在菜单栏中选择"绘图—椭圆"。

方法三:单击"绘图"工具栏中的"椭圆"图标。

图 1-54　椭圆

"绘图"菜单栏中提供了绘制椭圆的两种方式,如图 1-55 所示。

(1)"圆心":通过指定椭圆中心点、一个轴(主轴)的端点以及另一个轴的半轴长度绘制椭圆。

(2)"轴,端点":通过指定一个轴(主轴)的两个端点和另一个轴的半轴长度绘制椭圆。

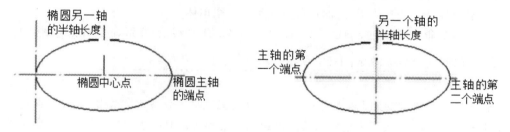

图 1-55　绘制椭圆的方式

【例】绘制一个长轴长度为 3000 mm、短轴长度为 1000 mm 的椭圆。

操作过程:

命令行输入 EL,在绘图区指定一点,向上输入 1500,向右输入 500,按回车键结束命令。

练一练：

按图 1-56 所示完成椭圆的绘制。

长轴 3000 mm　短轴 1000 mm　　　　　　　鸡蛋

图 1-56　椭圆绘制练习

9. 多段线

多段线是作为单个对象创立的相互连接的序列线段。用多段线命令(PLINE,快捷命令为PL)画出来的是一个整体,而用直线命令创立的是独立的对象。利用多段线命令可以创立直线段、弧线段或两者的组合线段。

多段线命令启用方法如下:

方法一:直接在命令行输入PL。

方法二:在菜单栏中选择"绘图—多段线"。

方法三:单击"绘图"工具栏中的"多段线"图标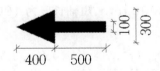。

创立多段线步骤:

①在命令行内输入快捷命令PL,按空格键。

②用鼠标左键确定多段线的起点。

③根据命令行的提示,点选"宽度(W)"并确定,然后指定起点宽度和端点宽度。也可以点选"圆弧(A)"画出弧线,或点选其他选项进行相应设置。

④拖动鼠标指定线段的方向,直接拖出线段长度并按Enter键确定。

多段线与直线的区别:

(1)每条直线有三个控制点;多段线上的直线段有两个控制点。

(2)多段线有粗细;直线无粗细。

(3)多段线是一个整体图形,而每条直线都是一个单体。

(4)多段线命令可以创立直线段、弧线段或两者的组合线段;直线命令不能绘制弧线。

【例】绘制一个箭头,如图1-57所示。

操作过程:

命令行输入PL,在绘图区指定一点,输入W设置宽度。设置起点宽度为0,终点宽度设为300,向右输入400,完成箭头中的三角形的绘制。继续输入W并确定,设置起点宽度和终点宽度均为100,向右输入500,按回车键结束命令。

图1-57　绘制箭头（单位：mm）

练一练:

完成图1-58所示的指引线绘制。

图1-58　绘制指引线（单位：mm）

10. 正多边形

CAD 中绘制正多边形（见图 1-59）的命令是 POLYGON，快捷命令是 POL。利用这一命令可以创建具有 3 到 1024 条等长的边的闭合多段线。正多边形命令启用方法如下：

方法一：直接在命令行输入 POL。

方法二：在菜单栏中选择"绘图—多边形"。

方法三：单击"绘图"工具栏中的"多边形"图标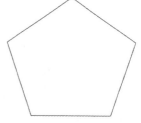。

CAD 中可用以下方式绘制多边形：

（1）绘制圆内接正多边形：先在命令行中输入 POL，在命令行中输入边数，指定正多边形的中心，输入 I 并确定，再输入圆的半径。

图 1-59　正多边形

注："内接于圆"表示绘制的多边形将内接于假想的圆，如图 1-60 所示。

（2）绘制圆外切正多边形：先在命令行中输入 POL，在命令行中输入边数，指定正多边形的中心，输入 C 并确定，然后输入半径长度。

注："外切于圆"表示绘制的多边形将外切于假想的圆，如图 1-61 所示。

（3）通过指定一条边绘制正多边形：在命令行中输入 POL，再在命令行中输入边数，输入 E，指定正多边形线段的起点，指定正多边形线段的端点。

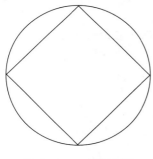

图 1-60　内接于圆

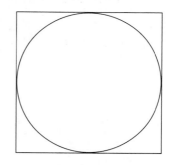

图 1-61　外切于圆

【例】绘制一个边长为 **200 mm** 的八边形，如图 1-62 所示。

操作过程：

命令行输入 POL，再输入 8，点选"边(E)"，根据提示在绘图区指定一点，向任意方向输入 200，按回车键结束命令。

图 1-62　绘制八边形

练一练：

绘制图 1-63 所示的图形。

  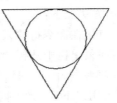

六边形　　　　　　　　内接圆三角形　　　　　　外切圆三角形

图 1-63　多边形绘制练习

11. 圆环

CAD 中绘制圆环的命令是 DONUT，快捷命令是 DO。圆环命令启用方法如下：

方法一：直接在命令行输入 DO。

方法二：在菜单栏选择"绘图—圆环"。

画好圆环后可通过修改对象属性使其颜色等发生变化。

【例】绘制一个内径为 200 mm、外径为 400 mm 的圆环，如图 1-64 所示。

操作过程：

命令行输入 DO，根据提示设置内径为 200，外径为 400，再在绘图区指定一点，按回车键结束命令。

图 1-64　圆环绘制

 练一练：

绘制图 1-65 所示的图形。

内径 0　外径 300 mm

图 1-65　圆环绘制练习

12. 点

CAD 中绘制点的命令是 POINT,快捷命令是 PO。点命令启用方法如下:

方法一:直接在命令行输入 PO。

方法二:在菜单栏中选择"绘图—点"。

方法三:单击"绘图"工具栏中的"点"图标。

"绘图"菜单栏提供了以下绘制点的方式:

单点(S):一次只能画一个点。

多点(P):一次可画多个点,左击加点,按 Esc 键停止。

定数等分(D):选择对象后,设置数目。

定距等分(M):选择对象后,指定线段长度。

相对于屏幕设置大小:当滚动滚轴时,点的大小随屏幕分辨率大小而改变。

按相对单位设置大小:点的大小不会随屏幕分辨率改变。

注:在同一图层中,点的样式必须是统一的,不能出现不同的点。

说明

　　设置点的样式的方法:选择"格式—点样式",屏幕上弹出图 1-66 所示的对话框。在此对话框中可以选择点的样式,设定点的大小。

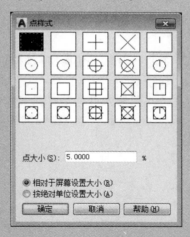

图 1-66   "点样式"对话框

【例】绘制一个点环,如图 1-67 所示。

操作过程:

在命令行输入 PO,输入点的位置,此时会在屏幕指定的位置绘出一点。设置点样式,如图 1-68 所示。

输入快捷命令 C 并在 CAD 中绘制出一个圆,利用定数等分快捷键 DIV 将其等分为若干等份,此处分为十等份,即可得图 1-67 所示的点环。

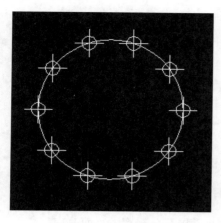

图 1-67　绘制点环

图 1-68　设置点样式

13. 样条曲线

CAD 中样条曲线常用来绘制不规则的图形,如山峰、池塘、等高线(见图 1-69)等。其绘图命令是 SPLINE,快捷命令为 SPL。命令启用方法如下:

方法一:直接在命令行输入 SPL。

方法二:在菜单栏中选择 "绘图—样条曲线"。

方法三:单击 "绘图" 工具栏中的 "样条曲线" 图标 ～。

创立样条曲线的步骤:

在 "绘图" 菜单中,单击 "样条曲线",或者在命令行输入快捷命令 SPL。根据提示,指定第一点至第三点,按空格键或回车键结束命令,或者输入 C 闭合曲线。

拟合公差是指样条曲线与输入点之间允许偏移距离的最大值。在绘制样条曲线时,绘出的样条曲线不一定会通过各个输入点,对于拟合点很多的样条曲线来说,使用拟合公差可以得到一条较为光滑的样条曲线。

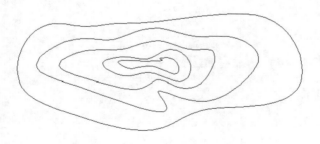

图 1-69　样条曲线绘制等高线

【例】绘制波浪线,尺寸要求如图 1-70 所示。

操作过程:

命令行输入 L 绘制 3 条水平线和 5 条垂直线,水平线间距为 20 mm,垂直线间距为 30 mm。依次连接交点以呈现波浪形样条曲线。

设置具体的偏移数量,本例中为偏移 10 个。

全选,把所有的曲线合并成为一条曲线。

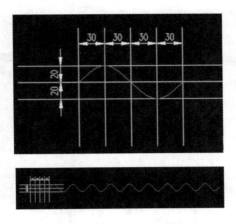

图 1-70　绘制波浪线

14. 填充

CAD 中填充命令是 HATCH,快捷命令是 H。启用填充命令的方法如下:

方法一:直接在命令行输入 H。

方法二:在菜单栏中选择"绘图—图案填充"。

方法三:单击"绘图"工具栏中的"图案填充"图标▩。

填充选定对象的步骤:

在命令行中输入 H,在其提示选项中选择"选择对象"。

指定要填充的对象,对象不必构成闭合边界,也可以双击指定不应被填充的对象。点选"设置(T)",会出现图 1-71 所示对话框,在"类型和图案"选项组中,可以设置图案填充的类型和图案。"图案填充"选项卡中的选项介绍如下:

(1)类型:设置图案类型。其下拉列表选项中的"预定义"是指用 CAD 的标准填充图案文件中的图案进行填充;"用户定义"是指用用户自己定义的图案进行填充;"自定义"表示选用 acad.pat 图案文件或其他图案文件中的图案。

(2)图案:确定填充图案的样式。单击下拉箭头,出现填充图案样式名的下拉列表选项供用户选择。单击其右边的对话框按钮图标将出现"填充图案选项板"对话框(见图 1-72),显示系统提供的填充图案。用户在其中选中图案名或者图案图标后,单击"确定"按钮,该图案即设置为系统的默认值。

(3)样例:显示所选填充图案的图形。

(4)角度:设置图案的旋转角。系统默认值为 0。机械制图标准规定,剖面线倾角为 45°或 135°,特殊情况下可以使用 30°和 60°。若选用图案 ANSI31,剖面线倾角为 45°,则设置该值为 0;倾角为 135°时,设置该值为 90。

(5)比例:设置图案中线的间距,可保证剖面线有适当的疏密程度。系统默认值为 1。

(6)"添加:拾取点":提示用户选取填充边界内的任意一点。注意:该边界必须封闭。

(7)"添加:选择对象":提示用户选取一系列构成边界的对象以使系统获得填充边界效果。

(8)预览:预览图案填充效果。

(9)确定:结束填充命令操作,并按用户所指定的方式进行图案填充。

图 1-71 "图案填充和渐变色"对话框

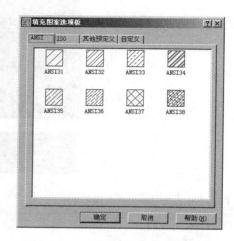

图 1-72 "填充图案选项板"对话框

CAD 中填充图案有三种方式,即实心填充、图案填充和渐变色填充。填充类型有以下几种:

拾取点:以鼠标左键点击位置为准向四周扩散,遇到线就停,一般填充的是封闭的图形。

选择对象:以鼠标左键击中的图形为填充区域,一般用于不封闭的图形。

继承特性:将图案的类型、角度和比例完全复制到另一填充区域内,如图 1-73 所示。

关联状态下的填充:填充图形中有障碍图形的,当删除障碍图形时,障碍图形内的空白位置被填充图案自动修复,如图 1-74 所示。

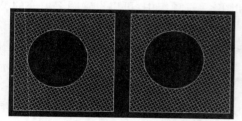

图 1-73 继承特性填充

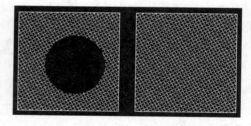

图 1-74 关联状态下的填充

在"图案填充和渐变色"对话框的"角度和比例"选项组中,可以设置用户定义类型的图案填充的角度和比例等参数。

注:比例大小要适当,过大或过小都会使填充效果不理想。

在有的 CAD 版本中用任意一种方式启动填充命令后,系统会弹出图 1-75 所示的"边界图案填充"对话框。选择"高级"选项卡,"孤岛检测样式"处有三个选项:

普通(M):从外部边界向内填充。如果遇到孤岛,填充将关闭,直到遇到孤岛中的另一个孤岛。

外部(O):只填充图形的外部。

忽略(G):所有的对象都填充。

在"渐变色"选项卡(见图 1-76)中,我们可以选择颜色之间的渐变进行填充,如选择图 1-77 所示的渐变样式。

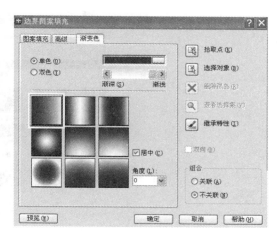

图 1-75　"高级"选项卡　　　　图 1-76　"渐变色"选项卡

图 1-77　渐变样式

【例】将一个长轴长 1500 mm、短轴长 1000 mm 的椭圆填充为西瓜图案,如图 1-78 所示。

操作过程:

命令行输入 H,出现选项提示,选择"拾取内部点",在椭圆内指定任意一点,输入 T 打开填充设置对话框,选择所需折线图案,设置好角度和比例,点击"确定"按钮,按回车键结束命令。

输入 H,输入 T,设置填充颜色,并在"渐变色"选项卡中选择"添加:选择对象",如图 1-79 所示,选择需填充的地方完成填充。

图 1-78　将椭圆填充为西瓜图案

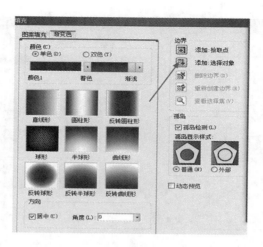

图 1-79　选择"添加：选择对象"

问：在 CAD 中如何创建无边界图案填充？

答：在 CAD 中对对象实行图案填充时，所要填充对象要求是封闭图形。要创建无边界图案填充一般都是先选择封闭图形或在封闭图形区域拾取一点进行创建填充，再删去边界图形，这种做法实际上并不是在没有边界的情况下直接创建填充。若填充对象图形没有封闭，会弹出图 1-80 所示的对话框。常用的做法就是在命令前加"-"号，例如填充，输入"-HATCH"，接着根据命令行提示"指定内部点或 [特性(P)/ 选择对象(S)/ 绘图边界(W)/ 删除边界(B)/ 高级(A)/ 绘图次序(DR)/ 原点(O)/ 注释性(AN)/ 图案填充颜色(CO)/ 图层(LA)/ 透明度(T)]"设置参数。默认方式是"指定内部点"，也可选择对象利用"绘图边界"也就是输入 W 后指定边界点（见图 1-81）从而定义填充边界。填充完成后，选择不保留边界即可创建无边界的图案填充，如图 1-82 所示。

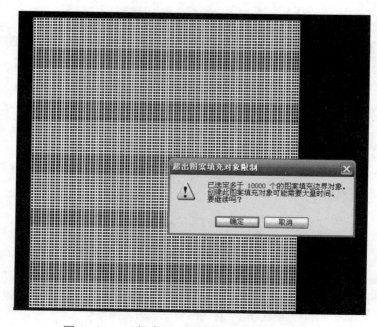

图 1-80　"超出图案填充对象限制"对话框

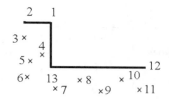

图 1-81　为定义填充边界指定的点

图 1-82　结果

练一练：

绘制图 1-83 所示图例。

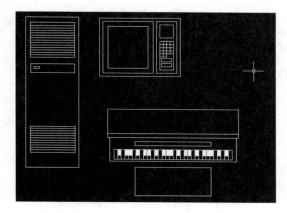

图 1-83　图例绘制练习

1.5　图形的修改

绘制图形只是创建 CAD 图形过程中的一部分。对于复杂的图形，还需要在绘制图形的基础上编辑图形。AutoCAD 编辑图形的功能非常完善，提供了一系列编辑工具进行图形的修改。在 AutoCAD 中，可以非常方便地移动、旋转、拉伸对象或修改图形中对象的比例，甚至清除一个对象。另外，还可以将对象进行多重复制。通过使用通用的编辑命令可以修改大多数对象。编辑命令大多位于"修改"工具栏(见图 1-84)和"修改"菜单中。图形编辑快捷命令见表 1-2。

图 1-84　"修改"工具栏

表 1-2　图形编辑快捷命令

序号	命令名称	快捷命令	序号	命令名称	快捷命令
1	删除	E	10	拉伸	S
2	复制	CO	11	修剪	TR
3	镜像	MI	12	延伸	EX
4	偏移	O	13	打断	BR
5	阵列	AR	14	倒角	CHA
6	移动	M	15	圆角	F
7	旋转	RO	16	距离	DI
8	缩放	SC	17	分解	X
9	拉长	LEN	18	分段	DIV

1. 删除

直接在命令行输入 E 或者单击"删除"图标 ✐。

【例】完成图 1-85 所示的对象删除。

操作过程：

在命令行输入 E，根据提示在要删除的对象上单击，对象即可删除。

图 1-85　删除对象

2. 复制

直接在命令行输入 CO 或者单击"复制"图标。

多次复制同一个对象的步骤：

(1)在命令行中输入多重复制命令 COPYM。

(2)选择要复制的对象。

(3)指定基点和指定位移后复制出一个。

(4)指定下一个位移点，可继续复制，最后按回车键或 Esc 键结束命令。

练一练：

利用复制命令完成图 1-86 所示的改变。

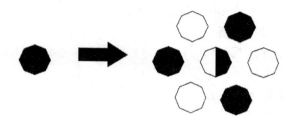

图 1-86　复制练习

3. 镜像

直接在命令行输入 MI 或者单击"镜像"图标⚠,具体步骤为:

(1)在命令行中输入 MI 或在"修改"工具栏中选择"镜像"按钮。

(2)选择要镜像的对象。

(3)指定镜像直线的第一点和第二点。

(4)按回车键保存源对象,或者按 Y 键将其删除。

练一练:

利用镜像命令完成图 1-87 和图 1-88 所示的变化。

图 1-87　镜像练习 1

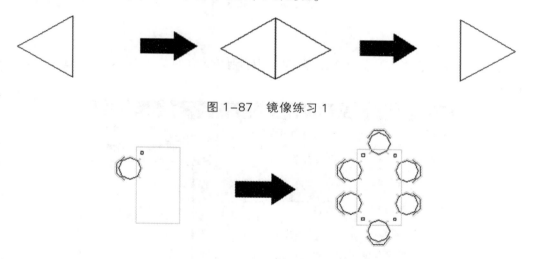

图 1-88　镜像练习 2

4. 偏移

直接在命令行输入 O 或者单击"偏移"图标。

在实际应用中,常利用此命令创建平行线或等距离分布图形。

块物体不能进行偏移。偏移命令中鼠标拖动的方向就是偏移的方向。

以指定的距离偏移对象的步骤:

(1)从"修改"菜单中选择"偏移"命令或单击"修改"工具栏上的"偏移"按钮。

(2)指定偏移距离,可以输入值。

(3)选择要偏移的对象。

(4)指定要放置新对象的一侧上的一点。

(5)选择要偏移的另一侧,或按回车键结束命令。

使偏移对象通过一个点的步骤:

(1)从"修改"菜单中选择"偏移"。

(2)输入 T,即通过点偏移。

(3)选择要偏移的对象。

(4)指定通过点。

(5)选择另一个要偏移的对象或按回车键结束命令。

练一练:

完成图 1-89 所示的偏移练习。

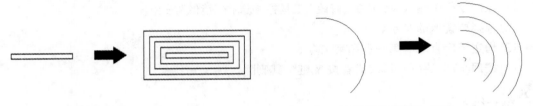

　　　　每个方块间隔为 200 mm　　　　　　每条弧线间隔为 500 mm

图 1-89　偏移练习

5. 阵列

直接在命令行输入 AR 或者单击"阵列"图标。在有的 CAD 版本中会出现图 1-90 所示的"阵列"对话框。

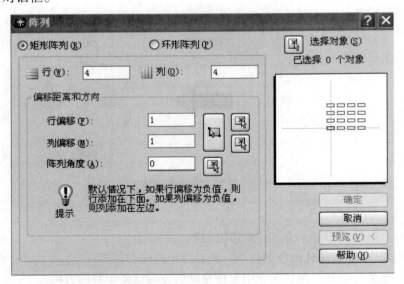

图 1-90　"阵列"对话框

创建矩形阵列的步骤:

(1)在命令行中输入 AR 或单击"修改"工具栏上的"阵列"按钮。

(2)在"阵列"对话框中选择"矩形阵列",选择"选择对象",去选择物体并确定。

(3)使用以下方法之一指定对象间水平和垂直间距:

①在"行偏移"和"列偏移"中输入行间距、列间距,添加"+"或"−"确定方向。

②单击"拾取行列偏移"按钮,使用定点设备指定阵列中某个单元的相对角点,此单元决定行和列的水平和垂直间距。

③单击"拾取行偏移"或"拾取列偏移"按钮,使用定点设备指定水平和垂直间距。

(4)要修改阵列的旋转角度,就在"阵列角度"旁边输入新角度。

(5)点击"确定"按钮即可。

创建环形阵列的步骤:

(1)在命令行中输入阵列命令。

(2)在"阵列"对话框中选择"环形阵列",如图 1−91 所示。

(3)指定中心点。执行以下操作之一:

①输入环形阵列中心点的 X 坐标值和 Y 坐标值。

②单击"拾取中心点"按钮,"阵列"对话框关闭,使用定点设备指定环形阵列的圆心。

(4)选择"选择对象"。

(5)输入工程数目(包括源对象)。

(6)点击"确定"按钮即可。

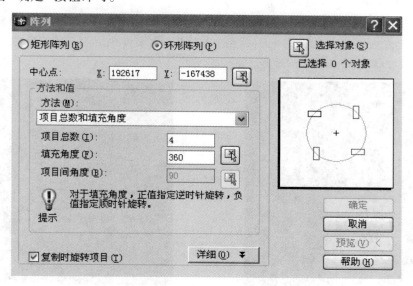

图 1−91　选择"环形阵列"

练一练:

完成图 1−92 所示的矩形阵列练习和图 1−93 所示的环形阵列练习。

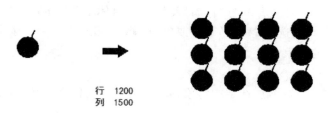

行　1200
列　1500

图 1−92　矩形阵列练习

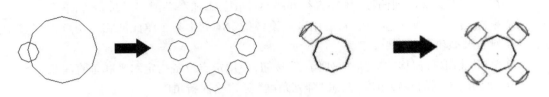

图 1-93　环形阵列练习

【例】绘制图 1-94 所示的图形。

操作步骤：

CAD 软件打开后,在工具栏上单击"圆"命令按钮或输入快捷命令 C,在绘图区以任意半径画一个圆,按回车键确定。

以圆上方的象限点为圆心画一个小圆,如图 1-95 所示。

在工具栏上单击"阵列"命令按钮或输入快捷命令 AR,弹出"阵列"对话框。系统默认的是矩形阵列,而所要绘制的图形属于圆周阵列类型,所以选择"环形阵列"选项。

点击"选择对象"按钮,选择小圆并确认。

点击"拾取中心点"按钮,选择大圆的圆心,这样小圆环形阵列的圆心就已确定。

因要在大圆上均匀分布 6 个小圆,需将"项目总数"设为 6,然后单击"确定"按钮。此时可以看到小圆被均匀地分布在大圆上。

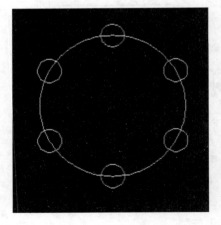

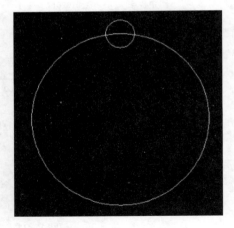

图 1-94　绘制图形　　　　　　　　图 1-95　绘制小圆

6. 移动

直接在命令行输入 M 或者单击"移动"图标✛。具体步骤如下:

(1)在"修改"菜单中选择"移动"命令或单击"修改"工具栏上的"移动"按钮。

(2)选择要移动的对象。

(3)指定移动基点。

(4)指定第二点,即位移点,选定的对象移动到由第一点和第二点之间的方向和距离确定的新位置。

练一练：

完成图 1-96 所示的移动练习。

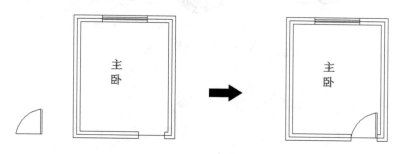

图 1-96　移动练习

7. 旋转

直接在命令行输入 RO 或者单击"旋转"图标。

旋转命令的使用方法：

(1) 在"修改"菜单中选择"旋转"命令或单击"修改"工具栏上的"旋转"按钮。

(2) 选择要旋转的对象。

(3) 指定旋转基点。

(4) 输入旋转角度，按回车键确定。

练一练：

完成图 1-97 所示的旋转练习。

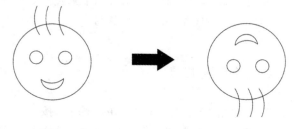

图 1-97　旋转练习

8. 缩放

直接在命令行输入 SC 或者单击"缩放"图标▨。具体步骤如下：

(1) 在"修改"菜单中选择"缩放"命令或单击"修改"工具栏上的"缩放"按钮。

(2) 选择要缩放的对象。

(3) 指定缩放基点。

(4) 输入缩放的比例因子，按回车键确定即可。

注：基点一般选择线段的端点、角的顶点等。

练一练：

完成图 1-98 所示的缩放练习。

按直径放大至 2 倍　　　缩小至 50%

图 1-98　缩放练习

9. 拉长

直接在命令行输入 LEN 或者单击"拉长"图标。

10. 拉伸

直接在命令行输入 S 或者单击"拉伸"图标。

拉伸命令用来把对象的单个边进行缩放，只能框住对象的一半进行拉伸，如果全选那么只是对物体进行移动。

拉伸命令的使用步骤：

(1) 在命令行中输入 S，按回车键确定。

(2) 选择非块形状，进行拉伸。

(3) 从命令行内直接输入拉伸距离。

练一练：

完成图 1-99 所示的拉伸练习。

直线原长 1000，缩短后直线长 200，拉长后直线长 3000

图 1-99　拉伸练习

11. 修剪

直接在命令行输入 TR 或者单击"修剪"图标 ✚ 。

修剪命令的使用步骤：

(1) 在命令行中输入 TR 或单击"修改"工具栏中的"修剪"按钮。

(2) 选择作为剪切边的对象（可选择图形中的所有对象作为可能的剪切边），按回车键确定即可。

(3) 选择要修剪的对象。

练一练：

完成图 1-100 所示的修剪练习。

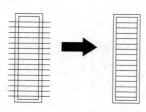

图 1-100　修剪练习

12. 延伸

直接在命令行输入 EX 或者单击"延伸"图标 ┄┄╱ 。

延伸命令的使用步骤：

(1)在命令行中输入 EX 或单击"修改"工具栏中的"延伸"按钮。

(2)选择作为边界的对象，可选择图形中的所有对象作为可能的边界边，按回车键即可。

(3)选择要延伸的对象。

练一练：

完成图 1-101 所示的延伸练习。

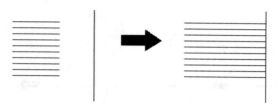

图 1-101　延伸练习

13. 打断

直接在命令行输入 BR 或者单击"打断"图标。

打断命令的使用方法：

(1)在命令行中输入 BR 或单击"修改"工具栏中的"打断"按钮。

(2)用鼠标点击第一个打断点，再点击第二个打断点；或者先选择要打断的对象，再按 F 键确定，然后指定第一个打断点和第二个打断点。

打断命令能使图形发生明显变化。

在图 1-102 中，使用打断命令时，先单击点 A 后单击点 B 与先单击点 B 后单击点 A 产生的效果是不同的。

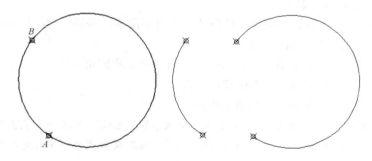

图 1-102　打断示例

"打断于点"命令的使用：

(1)画一个闭合物体。

(2)在"修改"中点击"打断于点"命令按钮。

(3)根据命令行中提示，可把一个连在一起的物体打断，但看不出效果，用移动命令移动物体可以看出变化来。

在图 1-103 中，要从点 C 处打断圆弧，可以执行"打断于点"命令，并选择圆弧，然后单击点 C 即可。

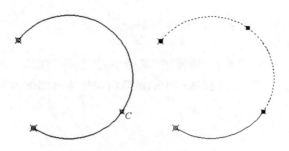

图 1-103   打断于点示例

练一练：

完成图 1-104 中的绘制练习。

图 1-104   绘制练习

14. 倒角

倒角命令的使用：

(1)在命令行中输入快捷命令 CHA 或单击"修改"工具栏中"倒角"按钮，命令行提示如图 1-105 所示。

(2)输入 D(距离),输入第一个倒角距离(直角边长)和第二个倒角距离(直角边长)。

(3)选择倒角对象。

[多段线(P)/距离(D)/角度(A)/修剪(T)/方式(M)/多个(U)]:

图 1-105   倒角命令行提示

图 1-105 中选项含义如下：

(1)"多段线(P)":可以以当前设置的倒角大小对多段线的各顶点(交角)进行倒角。

(2)"距离(D)":设置倒角距离尺寸。

(3)"角度(A)":可以根据第一个倒角距离和角度来设置倒角尺寸。

(4)"修剪(T)":设置倒角后是否保存原拐角边。

(5)"多个(U)":可以对多个对象绘制倒角。

注:绘制倒角时,倒角距离或倒角角度不能太大,否则无效。当两个倒角距离均为 0 时,此命令将延伸两条直线使之相交,不产生倒角。此外,如果两条直线平行、发散等,那么不能绘制倒角。

例如对图 1-106(a)所示的轴平面图绘制倒角后,结果如图 1-106(b)所示。

（a）   （b）

图 1-106   轴平面图倒角

练一练：

完成图 1-107 所示的倒角练习。

倒角距离为 200

图 1-107　倒角练习

15. 圆角

直接在命令行输入 F 或者单击"圆角"图标。

设置圆角的步骤：

(1)从"修改"菜单中选择"圆角"命令或单击"修改"工具栏中的"圆角"按钮。

(2)选择"半径(R)"，输入圆角半径。

(3)选择要进行圆角的对象。

练一练：

完成图 1-108 所示的圆角练习。

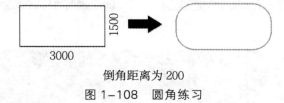

倒角距离为 200

图 1-108　圆角练习

16. 距离

直接在命令行输入 DI 或者单击"距离"图标。

如果想知道物体的长度,在命令行中输入 DI,确定(按回车键或空格键)后用鼠标依次去点击需要测量的线的端点即可。

17. 分解

直接在命令行输入 X 或者单击"分解"图标。具体步骤如下：

(1)从"修改"菜单中选择"分解"或在命令行输入 X。

(2)选择要分解的对象。对于大多数对象,分解的效果并不是看得见的。分解命令只是针对块物体,文字不能使用分解命令。

18. 分段

直接在命令行输入 DIV 或者单击"分段"图标。

练一练：

完成图 1-109 所示的图形的绘制。

图 1-109   图形绘制练习

任务训练

绘制图 1-110 中的图形。

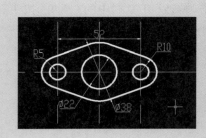

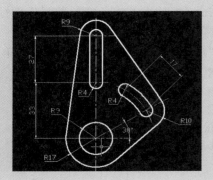

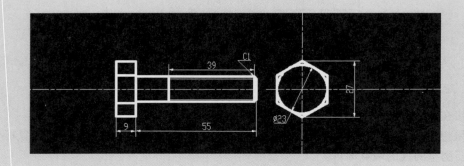

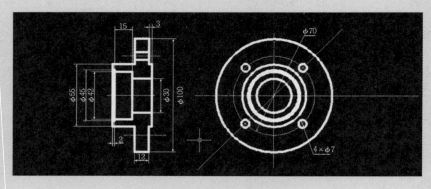

图 1-110   图形绘制训练

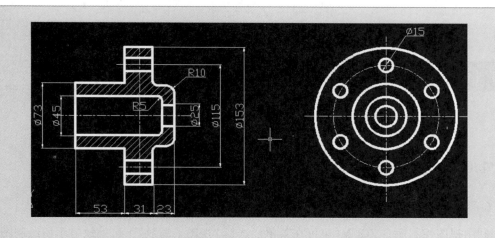

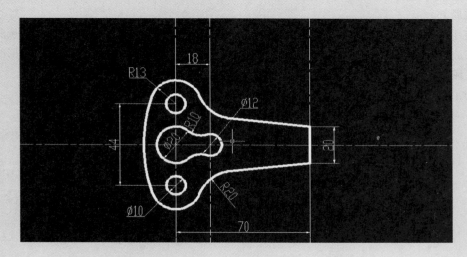

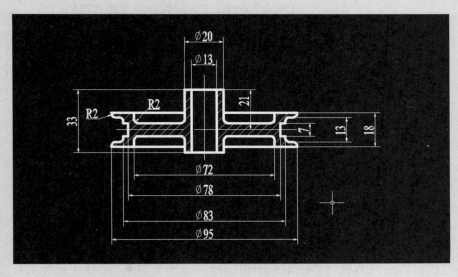

续图 1-110

1.6　CAD 精确绘图

1.6.1　控制图形显示

（一）图形的显示缩放

利用视图控制命令 ZOOM（也可在菜单栏选择"视图—缩放"），可缩放显示所绘制图形的全部或局部。

使用 ZOOM 命令可以进行变焦缩放显示。ZOOM 命令的功能很像摄影机上的变焦距镜头，可用来放大或缩小观察的对象，但并不改变其实际尺寸和位置。当放大屏幕上的图形时，得到较小区域图形的详细显示；当缩小屏幕上的图形时，得到较大区域图形的粗略显示。

CAD 有几个常用的显示缩放操作（图标见图 1-111）：

（1）实时缩放：按住鼠标左键并上下移动。向上移动为放大，向下移动为缩小。

（2）窗口缩放：指定矩形窗口的两对角点，窗口内的图形被放大显示。

（3）全部缩放：若图形未超出图形界限，则以图形界限为范围全部显示；若图形超出图形界限，则不考虑图形界限，而是以最高缩放比例显示图形。

（4）范围缩放：不考虑图形界限，只将图形以最高缩放比例显示。

（5）缩放上一个：快速回到前一个缩放视图。

（二）实时平移

在命令行中输入 PAN 或在菜单栏选择"视图—平移"，按住鼠标左键，移动鼠标，即可移动图形显示区域。

图 1-111　缩放操作图标

（三）缩放命令的选项介绍

（1）放大（I）：将图形放大一倍。在进行放大时，放大图形的位置取决于目前图形的中心在视图中的位置。

（2）缩小（O）：将图形缩小一半。在进行缩小时，缩小图形的位置取决于目前图形的中心在视图中的位置。

（3）全部（A）：将视图缩放到图形范围或图形界限两者中较大的区域。

（4）中心（C）：可通过该选项重新设置图形的显示中心和放大倍数。

（5）范围（E）：使当前视口中图形最大限度地充满整个屏幕，此时显示效果与图形界限无关。

(6) 左边(L)：在屏幕的左下角缩放所需视图。

(7) 前次(P)：重新显示图形上一个视图，该选项在"标准"工具栏上有单独的按钮。

(8) 右边(R)：在屏幕的右上角缩放所需视图。

(9) 窗口(W)：分别指定矩形窗口的两个对角点，将框选的区域放大显示。

(10) 动态(D)：可以在一次操作中完成缩放和平移。

(11) 比例(nX/nXP)：可以放大或缩小当前视图，视图的中心点保持不变。输入视图缩放系数的方式有三种：①相对缩放：输入缩放系数后再输入一个"X"，即"X"前是相对于当前可见视图的缩放系数。②相对图纸空间单元缩放：输入缩放系数后，再输入"XP"，使当前视区中的图形相对于当前的图纸空间缩放。③绝对缩放：直接输入数值，则以该数值作为缩放系数，并相对于图形的实际尺寸进行缩放。

1.6.2　CAD 状态栏的使用

当我们在使用 CAD 软件绘图时，如何精确绘图呢？ AutoCAD 在状态行中提供几种功能来确保模型所需要的精度，如图 1-112 所示，其中最常用的三个功能是极轴追踪、锁定角度和对象捕捉。

图 1-112　AutoCAD 状态行

(一)利用栅格、捕捉和正交辅助定位点

步骤如下：

(1) 显示栅格，打开捕捉和正交模式。

(2) 利用"草图设置"对话框设置栅格和捕捉。

①设置栅格间距(即屏幕上标定位置的小点之间的距离)。

②设置捕捉间距(光标移动距离)、方向和样式(栅格捕捉或极轴捕捉)。

调用"草图设置"对话框的几种方法：

(1) 在菜单栏中选择"工具—草图设置"。

(2) 鼠标右键单击状态行的"栅格""捕捉"等按钮，然后选择"设置"。

(二)使用对象捕捉模式

1. 对象捕捉模式的种类

*临时追踪点(TT)	*捕捉自(FROM)	*捕捉到端点(END)
*捕捉到中点(MID)	*捕捉到交点(INT)	*捕捉到外观交点(APP)
*捕捉到延长线(EXT)	*捕捉到圆心(CEN)	*捕捉到象限点(QUA)
*捕捉到切点(TAN)	*捕捉到垂足(PER)	*捕捉到平行线(PAR)
*捕捉到插入点(INS)	*捕捉到节点(NOD)	*捕捉到最近点(NEA)
*无捕捉(NON)		

几种对象捕捉模式的含义:

(1)临时追踪点:一次操作中创建多条追踪线,以确定所要定位的点,如捕捉矩形的中心。

(2)捕捉自:先建立一临时参考点,再以相对坐标的形式输入偏移量。

(3)捕捉到外观交点:捕捉 3D 空间中两个对象的视图交点。

(4)捕捉到延长线:捕捉直线或圆弧的延长线上的点。

(5)捕捉到平行线:捕捉一条已知直线,以画出该已知直线的平行线。

(6)捕捉到插入点:捕捉插入图形中的文本、属性和符号(块和形)的原点。

(7)无捕捉:临时删除任何运行对象捕捉模式。

2.临时对象捕捉模式

设置临时对象捕捉模式的几种方法:

(1)使用"对象捕捉"工具栏。

(2)按住 Shift 键并单击鼠标右键,选择"对象捕捉设置",调用"对象捕捉"弹出式菜单,如图 1-113 所示。

(三)具体功能介绍

(1)极轴追踪:捕捉到最近的预设角度并沿该角度追踪指定距离。需要指定点时(例如在创建直线时),可以使用极轴追踪来引导光标在特定方向移动。例如,指定直线的第一个点后,将光标移动到右侧,然后在命令行中输入距离以指定直线的精确水平长度。默认情况下,极轴追踪处于打开状态并引导光标以水平或垂直方向(0 或 90°)移动。也可以设置 30°、45°(见图 1-114)等。

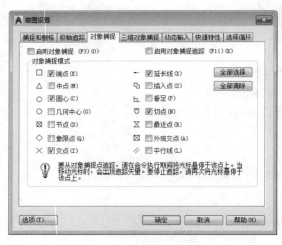

图 1-113　"对象捕捉"弹出式菜单

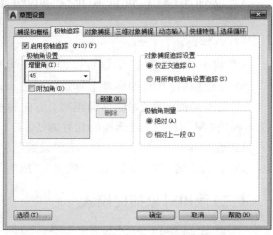

图 1-114　极轴追踪角度设置

(2)锁定角度:锁定到单个指定角度并沿该角度追踪指定距离。如果需要以指定的角度绘制直线,可以锁定下一个点的角度。例如,直线的第二个点需要以 45°角创建且长度为 8 个单位,则需要在命令行窗口中输入"<45",按所需的方向沿 45°角移动光标后,可以输入直线的长度。

(3)对象捕捉:捕捉特殊点在现有对象上的精确位置,例如多段线的端点、直线的中点或圆的圆心。在对象上指定精确位置的最重要方式是使用对象捕捉。通过标记可表示多个不同种类的对象捕捉。只要 AutoCAD 提示可以指定点,对象捕捉就会在命令执行期间变为可用。例如,新创建一条线,然后将光标移动到现有直线端点的附近,光标将自动捕捉直线端点。输入 OSNAP 命令以设置默认对象捕捉,也称为"运行"对象捕捉。也可按 F3 键或者直接在命令行输入 OS,单击状态行中的"对象捕捉"按钮。对象捕捉可帮助拾取几何对象上的特殊点,而追踪功能使画斜线及沿不同方向定位点变得更加容易。

说明

　　我们在使用 CAD 软件绘图时,经常会使用到对象捕捉功能,使绘图更方便、准确。CAD 中的对象捕捉功能启用方式:

　　(1)在菜单栏中选择"工具—草图设置",勾选"启用对象捕捉",如图 1-115 所示。

　　(2)单击状态行"对象捕捉"按钮。

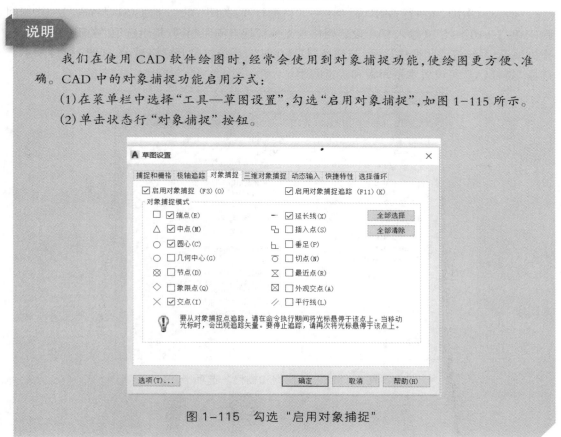

图 1-115　勾选"启用对象捕捉"

　　(4)栅格捕捉(GRID):捕捉到矩形栅格中的增量。

　　①栅格:在绘图区域显示可以辅助绘图的定位栅格点。可按 F7 键或者直接在命令行输入 GRID ,也可单击状态行中的"栅格"按钮。

　　②捕捉:捕捉栅格点。可按 F9 键或者直接在命令行输入 SNAP,也可单击状态行中的"捕捉"按钮。

　　利用 GRID 命令可按用户指定的 X、Y 方向间距在绘图界限内显示一个栅格点阵。栅格显示模式的设置可让用户在绘图时有一个直观的定位参照。当栅格点阵的间距与光标捕捉点阵的间距相同时,栅格点阵就形象地反映出光标捕捉点阵的形状,同时直观地反映出绘图界限。栅格由一组规则的点组成,虽然栅格在屏幕上可见,但它既不会打印到图形文件上,也不影响绘图位置。栅格只在绘图范围内显示,帮助辨别图形边界、安排对象以及确定对象之间的距离。可以按需要打开或关闭栅格,也可以随时改变栅格的尺寸。

③操作步骤：

栅格间距的设置可通过执行 SETTINGS 命令，或者在菜单栏选择"工具—绘图设置"，在弹出的"草图设置"对话框"捕捉和栅格"选项卡中完成，如图 1-116 所示。也可以通过执行 GRID 命令来设定栅格间距，并打开栅格显示，其操作步骤如下：

"命令：GRID"（执行 GRID 命令）—"栅格关闭：打开(ON)/ 捕捉(S)/ 特征(A)/< 栅格间距(X 和 Y = 10)>：A"（输入 A）。设置间距：水平间距，例如 10；竖直间距，例如 10。

"命令：GRID"（执行 GRID 命令）—"格栅打开：关闭(OFF)/ 捕捉(S)/ 特征(A)/< 格栅间距(X 和 Y =10)>：S"（输入 S）。设置栅格与光标捕捉点间距相同，提示选项"关闭(OFF)"。选择该项后，系统将关闭栅格显示。若选择"打开(ON)"，系统将打开栅格显示，如图 1-117 所示。选择"特征(A)"可设置水平间距和竖直间距。

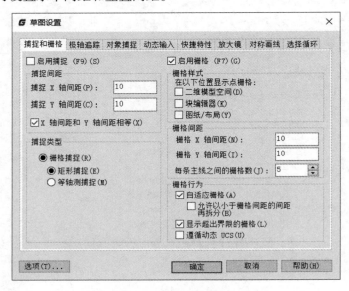

图 1-116　"捕捉和栅格"选项卡

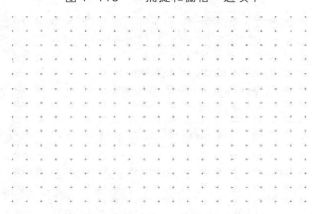

图 1-117　打开栅格显示结果

④注意：

a. 在任何时间切换栅格的打开或关闭，可双击状态行中的"栅格"按钮，或单击"设置"工具栏中的"栅格"工具，也可按 F7 键。

　　b. 当栅格间距设置得太小时,系统将提示该视图中栅格间距太小、不能显示。如果图形缩放太大,栅格点也可能显示不出来。因此,有时要勾选上"自适应栅格",栅格即可自动适应缩放,保证栅格都能正常显示。

　　c. 栅格就像是坐标纸,可以大大提高作图效率。

　　d. 栅格中的点只是作为一个定位参考点被显示,它不是图形实体,改变点的形状、大小的设置对栅格点不会起作用,它不能用编辑实体的命令进行编辑,也不会随图形输出。

　　(5) 正交:控制水平和垂直,可按 F8 键或者直接在命令行输入 ORTHO,也可单击状态行中的"正交"按钮。正交功能用户可以很方便地绘制水平、竖直直线。

　　捕捉(快捷键为 F9) 和栅格必须配合使用。捕捉用于确定鼠标指针每次在 X、Y 方向移动的距离。栅格仅用于辅助定位,启用时屏幕上将布满栅格小点。

　　注:右击捕捉或栅格按钮,单击"设置",弹出"草图设置"对话框,在"捕捉和栅格"选项卡中可以设置捕捉间距和栅格间距。

　　"草图设置"对话框的三个选项卡的界面如图 1-118 所示。

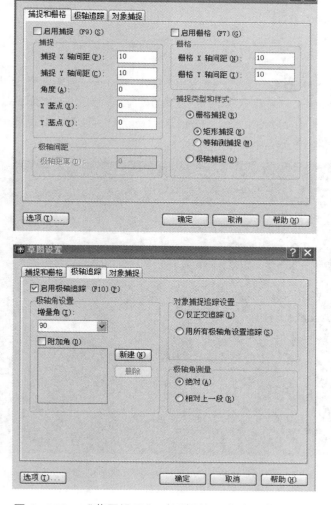

图 1-118　"草图设置"对话框的三个选项卡的界面

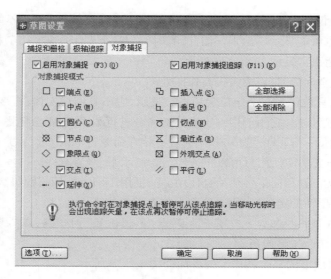

续图 1-118

小知识

　　建筑素材图库里包含了室内外家具、摆件、植物花卉、车船平面及立面投影等图纸素材合集,方便设计时插入和调用。CAD 家具素材图库(见图 1-119)内容丰富多样,拥有各种风格的办公、民用家具平面及立面素材,桌、椅、柜、几等所有类别家具图例一应俱全,适合用户学习设计时参考使用。

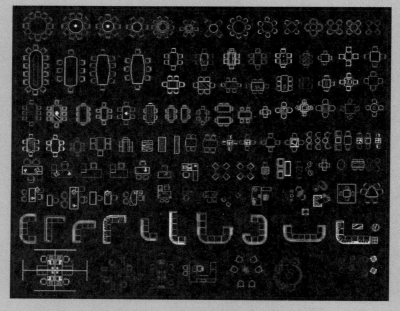

图 1-119　CAD 家具素材图库(部分)

任务训练

绘制图1-120中的家具平面图例,可参考建筑素材图库。绘制步骤分解见图1-121。

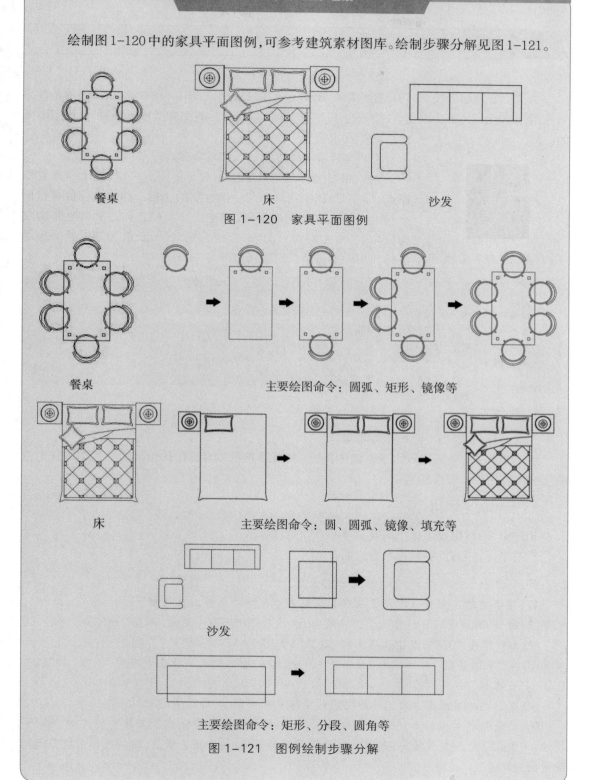

图 1-120　家具平面图例

餐桌　　　　　主要绘图命令:圆弧、矩形、镜像等

床　　　　　主要绘图命令:圆、圆弧、镜像、填充等

沙发

主要绘图命令:矩形、分段、圆角等

图 1-121　图例绘制步骤分解

1.7　CAD 坐标系

为了更好地辅助绘图,用户经常需要修改坐标系的原点和方向。在 CAD 中使用的是世界坐标系,X 为水平,Y 为垂直,Z 为垂直于 X 和 Y 的轴向,如图 1-122 所示,这些都是固定不变的。

图 1-122　世界坐标系

世界坐标分为绝对坐标和相对坐标。

点的相对坐标是指其坐标相对于上一点来说,把上一点看作原点,即在 CAD 中相对于前一坐标点的坐标。相对坐标值是指该点与上一输入点之间的距离,该连线与 X 轴正向之间的夹角度数为极角度数,相对符号为 @,正值为逆时针,负值为顺时针。绝对坐标和相对坐标两者的区别如下。

小知识

坐标表示方法:

输入绝对坐标:(X, Y, Z)。

输入相对坐标:$@(X, Y, Z)$。

1. 主体不同

相对坐标:相对前一点的坐标增量。

绝对坐标:X 坐标表示水平方向的位置,Y 坐标表示垂直方向的位置。二维图中任意点的坐标均可用 (X, Y) 形式定位。

2. 相对位置不同

相对坐标:对用户坐标系而言,是相对前一点的。

绝对坐标:相对世界坐标系原点而言。

问:CAD 默认绝对坐标,怎样改为相对坐标?

答:在下方的状态行修改设置来转化相对坐标与绝对坐标。步骤如下:

(1)打开 CAD,找到 CAD 界面下方的状态行,找到"DYN"这个选项,如图 1-123 所示。

(2)右键单击"DYN",点击选项中的"设置",如图 1-124 所示。

(3)在"草图设置"对话框的"动态输入"中找到"指针输入",点击下方的"设置"按钮,如图 1-125 所示。

(4)在出现的对话框上面选择想要用的坐标系就可以了,如图 1-126 所示。

(5)设置完相对坐标和绝对坐标的默认值后,绘图的时候需注意下方状态行中的"DUCS"按钮。"DUCS"处于灰色状态,则默认坐标系是绝对坐标;处于蓝色状态,默认坐标系就是刚刚设置的坐标。

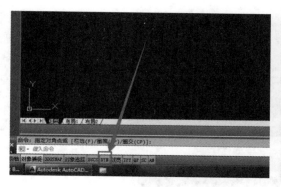

图1-123　"DYN"选项　　　　　图1-124　选择"设置"

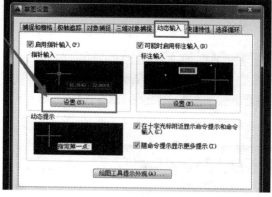

图1-125　点击"设置"按钮

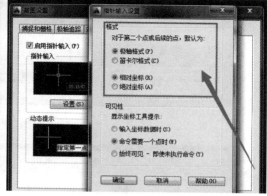

图1-126　选择坐标系

打开CAD底部"动态输入"按钮(见图1-127),这时候输入坐标即为相对坐标,关闭时输入则为绝对坐标。

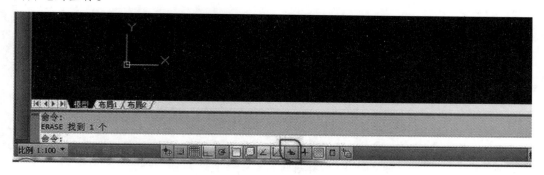

图1-127　"动态输入"按钮

问:CAD状态行不见了怎么办?

答:图1-128所示即为CAD状态行。左边用于显示当前光标状态,如X、Y和Z坐标值。中间表示的是捕捉工具、极轴工具、对象捕捉工具和对象追踪工具的快捷设置按钮,在这里可以轻松地更改这些绘图工具的设置。

在CAD低版本中状态行是始终显示的,不会出现CAD状态行不见了的问题,但是在高版本中CAD状态行是可以关闭的,状态行是否显示可以通过命令STATUSBAR来操作。

若CAD状态行不见了,在CAD命令行输入STATUSBAR后,会发现此变量值被设置成了0

（见图 1-129），这时只需要输入 1，再按回车键，状态行就可以显示了，而且是显示在一行内。在高版本的 AutoCAD 中的状态行还可以包括程序状态栏和图形状态栏，STATUSBAR 变量的值还可设置为 2 或者是 3。当设置为 2 时，程序状态栏和图形状态栏就不会显示在一行了，如图 1-130 所示；那么把 STATUSBAR 变量值设置为 3 时，就只会显示图形状态栏，如图 1-131 所示。

图 1-128　CAD 下方状态行

图 1-129　状态行变量值被设为 0

图 1-130　程序状态栏和图形状态栏

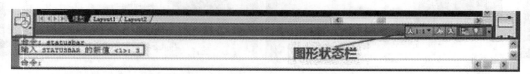

图 1-131　只显示图形状态栏

想一想：

如何实现图 1-132 中的星形绘制？

图 1-132　绘制星形

步骤：打开 CAD 软件，输入 POL 指令，画一个正五边形（见图 1-133），然后按图 1-134 连接各顶点，删除五边形（见图 1-135）再填充颜色就可以了。

图 1-133　画正五边形

图 1-134　连接顶点

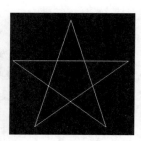

图 1-135　删除五边形

问：如何使用CAD画角度？

答：常见的几种方法分别是命令行法、极轴追踪法以及动态输入法。这里介绍命令行法。首先使用直线工具绘制出一条水平线段作为角的一边，接着点击第一个起点，在命令行输入"<45"（也就是设置角度为45°），接着按回车键确定，再在合适的位置点击并退出即可。命令行法绘制角度的优势在于除了能够指定角度还可以指定角的边的长度，如果需要指定角的边的长度为200 mm，那么只需要在命令行输入"@200<45"即可。

问：CAD如何将图形移到原点？

答：图形已经绘制完成，才想起要求是图形端点与坐标原点重合，可通过以下操作将图形端点移动到原点处（下面以一长方形（如图1-136）为例）：点击选择移动工具，选择移动对象，选择移动点（长方形中需要与原点重合的端点），如图1-137所示，然后在命令行输入原点坐标"0,0,0"。

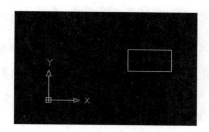

图1-136　待移动长方形

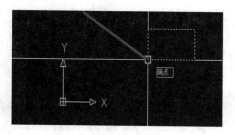

图1-137　选择移动点

问：CAD如何使线条变粗？

答：在CAD的使用中，可能会发现绘制的线条太细、不够粗，使线条变粗可采用线宽显示法。步骤如下：点击"显示线宽"按钮打开线宽显示；选中线段，单击鼠标右键，选择"特性"（见图1-138），在"特性"对话框中，根据需要选择线宽即可。或者选中线段，输入PE并按回车键，再输入W，指定新宽度为5000，此处5000代表相对宽度，可根据需要自行调整。以上指令完成后，线就可以变粗了，如图1-139所示。

图1-138　选择"特性"

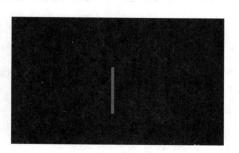

图1-139　线条变粗

问：CAD 如何创建视口？

答：在日常使用 CAD 时，在布局中创建视口，有助于方便地调整打印比例。具体步骤：将 CAD 模式由模型转换到布局—选择菜单栏中的"视图—视口—新建视口"，将十字光标放于将要创建视口位置的左上角点击一下，再将十字光标放于将要创建视口位置的右下角点击一下，视口即创建成功，视图中的图形即为模型中的图形。

问：CAD 如何同时查看多窗口？

答：在 CAD 中，有时要同时看两张或者多张图，需要同时查看多窗口，方法如下：菜单栏选"窗口—垂直平铺或水平平铺"。对于同一张图的多窗口查看，可在菜单栏选"视图—视口—两个视口"，在同时查看时再选择水平或者垂直方式进行排布。一般显示屏是宽的，我们可以选垂直方式。

问：CAD 如何设置正交模式？

答：在 CAD 中使用绘图辅助功能的正交模式，操作步骤为：打开 CAD 软件，选择下方的"正交"命令按钮，或在命令行输入 ORTHO 命令，直接开启正交模式。

问：CAD 怎么改变极轴追踪的角度？

答：找到软件工作界面下方的极轴设置按钮（见图 1-140）设置角度（见图 1-141）即可。

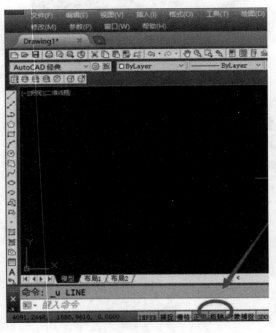

图 1-140　极轴设置按钮　　　　　　　图 1-141　设置角度

问：CAD 如何画表格？

答：一是通过 CAD 软件自带的绘制表格功能。

打开 CAD 软件，选择"绘图—表格"，在弹出的对话框（见图 1-142）中设置好行数和其他，单击"确定"按钮。

二是通过粘贴图元的方式。先在 Excel 中创建好表格，复制，再打开 CAD 软件，单击鼠标右键，选择"选择性粘贴"（见图 1-143），选择"ZWCAD 图元"（见图 1-144）完成。

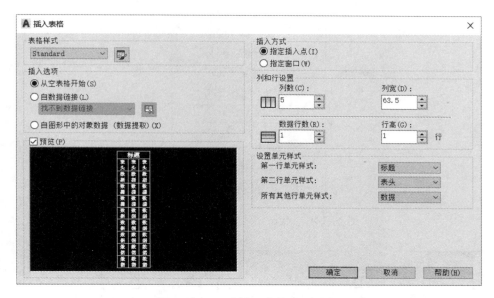

图 1-142 "插入表格"对话框

图 1-143 选择"选择性粘贴"

图 1-144 选择"ZWCAD 图元"

问：CAD 墙体如何填充颜色？

答：用 CAD 打开需要填充颜色墙体所在的图纸，依次按下 H 和空格键，选择"设置"，在弹出的对话框中的"图案"处点击以浏览更多图案，然后在"填充图案选项板"中选择所要填充的图案，并点击"确定"按钮；在"图案填充和渐变色"对话框中的"颜色"处选择"选择颜色"，在弹出的"选择颜色"面板上选择所要填充的颜色，确定；点击"添加：拾取点"，在填充对象内部随意点击后按下空格键，即可实现墙体颜色的填充。

问：CAD 填充时如何创建区域覆盖？

答：在 CAD 绘图过程中，当需要图块能遮挡后面的图形时，便要创建多边形区域，该区域将用当前背景色屏蔽其下面的对象，简称区域覆盖。在 CAD 填充时创建区域覆盖的方法如下：

菜单栏中点击"扩展工具—绘图工具—超级填充"。执行命令后，会跳出"超级填充"对话框，点击"区域覆盖填充"按钮，如图 1-145 所示。根据系统提示在图纸中用光标指定用于创建覆盖实体的区域，按回车键确定，完成区域覆盖创建。如图 1-146 所示，将床头柜图例移动到区域覆盖上，并定义成块，再将定义好的床头柜图例移到地毯上，图块会自动覆盖其后的对象。

图 1-145　点击"区域覆盖填充"按钮

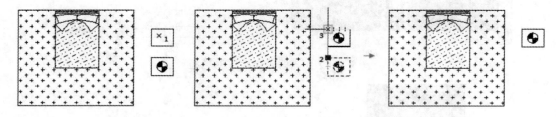

指定插入点 1，创建区域覆盖　　　　　将床头柜图例移动到区域覆盖上，并定义成块

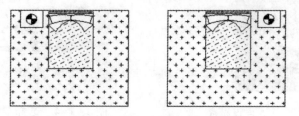

床头柜图例分别移动至床的两侧

图 1-146　区域覆盖填充示例

1.8　图层的设置

　　计算机绘图跟手工画图一样，也要做些必要的准备，如设置图层、线型、标注样式、目标捕捉、单位格式、图形界限等。合理利用图层，可以事半功倍。一开始画图，就应设置一些基本层，每层有自己的专门用途，这样做的好处是：只需画出一份图形文件，就可以组合出许多需要的图纸，需要修改时也可针对图层进行。图层相当于图纸绘制过程中使用的重叠图纸，通过创立和命令图层，并为这些图层指定通用特性，将对象分类放到各自的图层中，可以快速有效地控制对象的显示以及对其进行更改。

图层是 AutoCAD 提供的一个管理图形对象的工具,用户可以根据图层对图形几何对象、文字、标注等进行归类处理,使用图层来管理它们,不仅能使图形的各种信息清晰、有序,便于观察,而且也会给图形的编辑、修改和输出带来很大的方便。

1.8.1　设置图层

直接在命令行输入 LA(LAYER)或者点击"图层特性"图标,即可设置图层。开始绘制新图形时,CAD 将自动创建一个名为"0"的特殊图层。默认情况下,图层 0 将被指定使用 7 号颜色(白色或黑色,由背景色决定,若将背景色设置为白色,图层颜色就是黑色)、Continuous 线型、"默认"线宽及 normal 打印样式,用户不能删除或重命名该图层 0。在绘图过程中,如果用户要使用更多的图层来组织图形,就需要先创建新图层。

在"图层特性管理器"对话框(见图 1-147)中单击"新建"按钮,可以创建一个名称为"图层 1"的新图层。默认情况下,新建图层与当前图层的状态、颜色、线型、线宽等设置相同。创建了图层后,图层的名称将显示在图层列表框中,如果要更改图层名称,可单击该图层名,然后输入一个新的图层名并按 Enter 键即可。

图 1-147　"图层特性管理器"对话框

以下有四种图层不可删除:

(1)图层 0(和定义点)。

(2)当前图层。

(3)依赖外部参照的图层。

(4)包含对象的图层。

1.8.2　设置颜色

颜色在图形中具有非常重要的作用,可用来表示不同的组件、功能和区域。图层的颜色实际上是图层中图形对象的颜色。每个图层都拥有自己的颜色,绘制复杂图形时就可以很容易区分图形的各部分。对不同的图层可以设置相同的颜色,也可以设置不同的颜色。新建图层后,要改变图层的颜色,可直接在命令行输入 COLOR(或 COL)或者在"图层特性管理器"对话框中单击图层的"颜色"列对应的图标,打开"选择颜色"对话框(见图 1-148)进行设置。

1.8.3 设置线型

在绘制图形时要使用线型来区分图形元素,这就需要对线型进行设置。默认情况下,图层的线型为 Continuous。要改变线型,可直接在命令行输入 LINETYPE 或者在图层列表中单击"线型"列的 Continuous,打开"选择线型"对话框(见图 1-149),在"已加载的线型"列表框中选择一种线型,然后单击"确定"按钮。

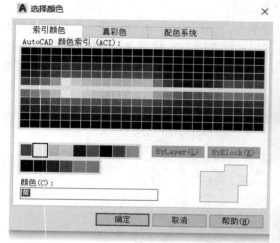

图 1-148 "选择颜色"对话框

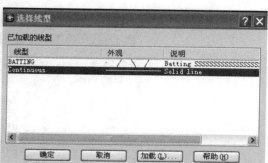

图 1-149 "选择线型"对话框

默认情况下,在"选择线型"对话框的"已加载的线型"列表框中只有 Continuous 一种线型,如果要使用其他线型,必须将其添加到"已加载的线型"列表框中。可单击"加载"按钮打开"加载或重载线型"对话框(见图 1-150),从当前线型库中选择需要加载的线型,然后单击"确定"按钮。

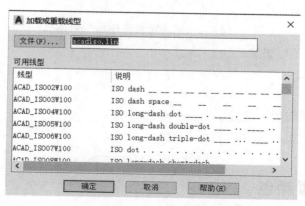

图 1-150 "加载或重载线型"对话框

1.8.4　设置线宽

在菜单栏选择"格式—线宽"命令,打开"线宽"对话框(见图1-151),可设置图形中的线型比例,从而改变非连续线型的外观。也可直接在命令行输入LWEIGHT或者在"图层特性管理器"对话框中单击"线宽"列对应的图标设置线宽。

图1-151　"线宽"对话框

1.8.5　控制图层状态

图层状态显示见图1-152。

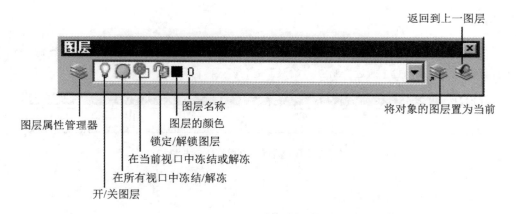

图1-152　图层状态显示

开关状态:图层处于翻开状态时,灯泡为黄色,该图层上的图形可以在显示器上显示,也可以打印;图层处于关闭状态时,灯泡为灰色,该图层上的图形不能显示,也不能打印。

冻结/解冻状态:图层被冻结,该图层上的图形对象不能被显示出来,不能打印输出,而且也不能编辑或修改;图层处于解冻状态时,该图层上的图形对象能够显示出来,能够打印,并且可以在该图层上编辑图形对象。

注:不能冻结当前层,也不能将冻结层改为当前层。

从可见性来说,冻结的图层与关闭的图层是相同的,但冻结的对象不参加处理过程中的运算,关闭的图层则要参加运算,所以在复杂的图形中冻结不需要修改的图层可以加快系统重新生成图形的速度。

锁定/解锁状态:锁定状态并不影响该图层上图形对象的显示,用户不能编辑锁定图层上的对象,但还可以在锁定的图层中绘制新图形对象。此外,还可以在锁定的图层上使用查询命令和对象捕捉功能。

颜色、线型与线宽:如图 1-153 所示单击"颜色"列中对应的图标,可以打开"选择颜色"对话框,选择图层颜色;单击在"线型"列中的线型名称,可以打开"选择线型"对话框,选择所需的线型;单击"线宽"列显示的线宽值,可以打开"线宽"对话框,选择所需的线宽。

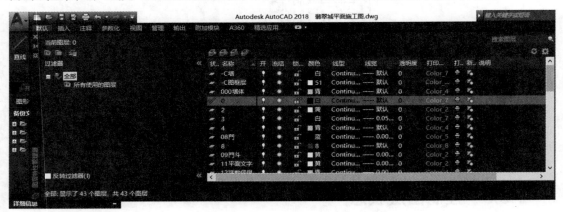

图 1-153　图层属性

说明

最好选用"随层"的颜色、线型和线宽,如图 1-154 所示。画点画线、虚线时,线型比例的设置应恰当(通过"视图—缩放"进行设置)。

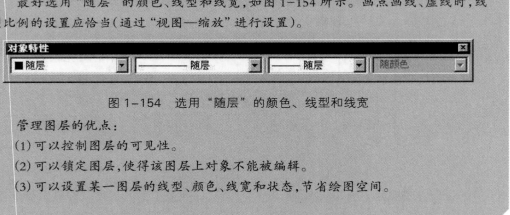

图 1-154　选用"随层"的颜色、线型和线宽

管理图层的优点:

(1)可以控制图层的可见性。

(2)可以锁定图层,使得该图层上对象不能被编辑。

(3)可以设置某一图层的线型、颜色、线宽和状态,节省绘图空间。

问:如何创建图层?

答:(1)打开 CAD,点击"开始绘制",如图 1-155 所示。

(2)点击"图层"按钮,如图 1-156 所示。

(3)点击"图层特性"按钮,如图 1-157 所示。

图 1-155　点击"开始绘制"

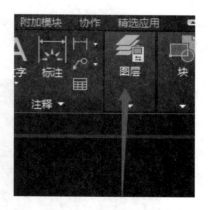

图 1-156　点击"图层"按钮

图 1-157　点击"图层特性"按钮

(4)点击"新建图层"按钮,如图 1-158 所示。

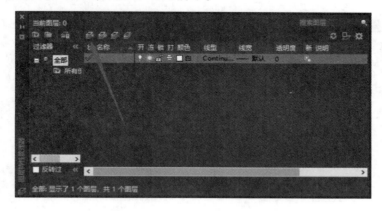

图 1-158　点击"新建图层"按钮

(5)新建图层完成,默认名称为"图层 1",见图 1-159,可重命名。

问:如何把特定对象的图层置为当前层?

答:先点击"置为当前"图标,再选择欲使其所在图层成为当前图层的对象。

问:图层过滤器的作用是什么?

答:在 CAD 中,图层过滤器的作用是:当某一图形存在大量的层时,可以根据层的特征或者特性对其进行分组,从而达到将具有某种共同特点的层过滤出来的目的。其中,过滤的方式包括状态过滤、层名过滤、颜色过滤和线型过滤等。此外,还可以在"图层过滤器特性"对话框中根据实际需求自定义过滤条件,如将与墙体相关的图层过滤出来,并将该过滤器命名为"墙体"以方便管理使用。

图 1-159　新建图层默认名称

问:CAD 绘制的虚线显示不出来怎么办?

答:在菜单栏选择"格式—线型—显示细节",将缩放比例改小,再点击"确定"按钮,虚线就可以显示出来了;或者选择"格式—线型—加载",点击选择自己想要的虚线类型,再选择"显示细节",设置全局比例因子,更改显示比例后确定。

问:CAD 中如何将某图层设置为底层?

答:我们在使用 CAD 软件绘制图纸时,会建立一些图层,CAD 中图层设置为底层的方法如下:

选择需要的图层,然后鼠标右键选择"快速选择",弹出"快速选择"对话框(见图 1-160),确认后在菜单栏中选择"工具—绘图顺序—置于对象之上"(见图 1-161)即可。

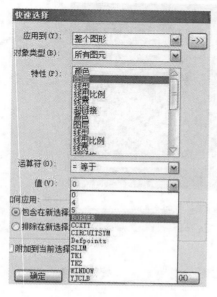

图 1-160　"快速选择"对话框

图 1-161　选择"置于对象之上"

1.9　文字标注

1.9.1　CAD 的文字标注

对于一张完整的工程图样,除了具有图形之外,文字的输入和尺寸的标注是必不可少的。文字标注可以用来表达图样中无法表达清楚且带有全局性的内容,主要包含设计依据、工程概况、建筑构造做法等具体说明和概括,也是施工人员进行现场施工的重要依据。

图 1-162　文字标注命令按钮

CAD 中文字标注的作用:在绘图时清楚地表达设计思想,表达与图形对象相关的信息,例如规格尺寸、设计说明和施工要求等。文字标注(命令 T)分为多行文字和单行文字,见图 1-162。

多行文字:输入的文字是一个整体。

单行文字:也可以形成多行文字,但是输入的每行都是一个独立的对象。

1.9.2　CAD 的文字样式

1. 字体与文字样式

字体是由具有相同构造规律的字母或汉字组成的字库。例如:英文有 Roman、Romantic、Complex、Italic 等字体;汉字有宋体、黑体、楷体等字体。CAD 提供了多种可供定义样式的字体。用户可根据自己需要而定义具有字体、字符大小、倾斜角度、文本方向等特性的文字样式。CAD 中,所有的标注文本都具有其特定的文字样式,字符大小由字符高度和字符宽度决定。

2. CAD 的文字样式设置

直接在命令行输入 ST(STYLE)或者点击"文字样式"图标,将出现"文字样式"对话框,如图 1-163 所示,可设置文字样式,包括字体、字符高度、字符宽度、倾斜角度、文本方向等参数的设置。

直接在命令行输入 MT 或者点击"文字—多行文字"按钮,再执行 ST 命令,设置新样式为仿宋字体。

操作步骤:

单击"新建"按钮,系统弹出"新建文字样式"对话框,在对话框中输入"仿宋",单击"确定"按钮,设定新样式名"仿宋"并回到主对话框,在文本字体框中选"仿宋 _GB2312",设定新字体"仿宋"的高度、宽度和角度,单击"应用"按钮,将新样式"仿宋"加入图形,完成新样式设置,关闭对话框。

添加文字的步骤：

在命令行中输入文字标注的快捷命令 T 并按空格键确定。

输入文字时，要用鼠标左键指定出文字所在的范围。在"文字样式"对话框中可以设置字体、颜色等。

注：修改文字的快捷命令为 ED，双击也可以对它进行修改。文字中出现"？"，说明字体不对或者没有字体名，应选择"格式—文字样式—字体名"，选择正确的字体。

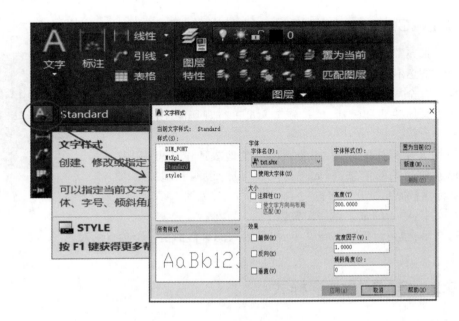

图 1-163　"文字样式"对话框

CAD 中常使用的文字控制符见表 1-3。

表 1-3　常用的文字控制符

控　制　符	功　　能
%%O	翻开或关闭文字上画线
%%U	翻开或关闭文字下画线
%%D	标注角度符号（°）
%%P	标注公差符号（±）
%%C	标注直径符号（ϕ）

用户可以自行设置其他的文字样式。"文字样式"对话框中各选项的含义和功能介绍如下：

（1）当前文字样式：该区域用于设定样式名称，用户可以从该下拉列表框选择已定义的样式或者单击"新建"按钮创建新样式。

（2）新建：用于定义一个新的文字样式。单击该按钮，在弹出的"新建文字样式"对话框的"样式名"编辑框中输入要创建的新样式的名称，然后单击"确定"按钮。

（3）删除：用于删除已定义的某样式。在左边的下拉列表框选取需要删除的样式，然后单击"删除"按钮，系统将会提示是否删除该样式，单击"确定"按钮表示确定删除，单击"取消"按钮表示取消删除。

（4）字体名：该下拉列表框中列出了 Windows 系统的 TrueType(TTF) 字体，用户可在此选一种需要的字体作为当前样式的字体。

（5）字体样式：该下拉列表框中列出了字体的几种样式，比如常规、粗体、斜体等。用户可任选一种样式作为当前的字体样式。

（6）使用大字体：选用该复选框，用户可使用大字体定义当前文字样式。

（7）高度：该编辑框用于设置当前字体的字符高度。

（8）宽度因子：该编辑框用于设置字符的宽度因子，即字符宽度与高度之比。取值为 1 表示保持正常字符宽度，大于 1 表示加宽字符，小于 1 表示使字符变窄。

（9）倾斜角度：该编辑框用于设置文本的倾斜角度。设置的值大于 0 时，字符向右倾斜；小于 0 时，字符向左倾斜。

（10）反向、颠倒、垂直：选择"反向"复选框后，文本将反向显示；选择"颠倒"复选框后，文本将颠倒显示；选择"垂直"复选框后，字符将以垂直方式显示。TrueType 字体不能设置为垂直书写方式。

（11）预览：该区域用于预览当前字体的文本效果。

设置完样式后可以单击"应用"按钮将新样式加入当前图形。完成样式设置后，单击"关闭"按钮，关闭"文字样式"对话框。

3. 注意事项

（1）CAD 图形中所有的文字都有其对应的文字样式。系统缺省样式为 Standard 样式，用户需预先设定文字的样式，并将其指定为当前使用样式，系统才能将文字按用户指定的文字样式写入字形中。

（2）"删除(D)"选项对 Standard 样式无效。图形中已使用样式不能被删除。

（3）对于每种文字样式而言，其字体及文本格式都是唯一的，即所有采用该样式的文本都具有统一的字体和文本格式。如果想在一幅图形中使用不同的字体设置，则必须定义不同的文字样式。对于同一字体，可将其字符高度、宽度因子、倾斜角度等文本特征设置为不同，从而定义成不同的字体样式。

（4）可用 CHANGE 或 DDMODIFY 命令改变选定文本的字体、字高、字宽、文本效果等设置，也可选中要修改的文本后单击鼠标右键，在弹出的快捷菜单中设置属性，改变文本的相关参数。

问：使用 CAD 绘制图纸在添加标注的时候可能需要输入一些比较特殊的符号，比如正负号（±）等。那么究竟如何输入正负号呢？

答：在 CAD 中很多特殊符号的输入都是借助文字控制符实现的，即添加前缀 %% 的形式。其中，正负号（±）为"%%P"。

问：在 CAD 中输入多行文字，有时需要改变文字的方向，即将默认的水平方向改为垂直方向,那么如何操作呢?

答:在命令行输入多行文字命令 MT,指定具体位置后输入多行文字,接着在命令行输入 ST 调出样式设置窗口,在"效果"选项组里勾选"垂直"即可。

问:在 CAD 中打开图纸,习惯性地使用快捷键"Ctrl+C""Ctrl+V"进行复制粘贴,结果却发现根本不起作用,为什么会出现这种情况呢? 该怎么解决?

答:一般来说,导致这种情况主要有两个原因。一是图纸本身出现问题,此时需要对图纸进行修复:点击"文件—图形实用工具—修复—修复",保存文件后再次打开即可。二是 CAD 安装存在漏洞,这个问题一般重装 CAD 后都能解决。

问:在使用 CAD 绘制图纸过程中,如果 CAD 出现闪退或者由于停电等原因导致没有及时保存图纸,一般可以借助图形文件修复功能来还原,但是这一次图形文件修复功能也不起作用了,该如何是好?

答:在 CAD 安装路径下找到后缀名为 .bak 的备份文件,将该文件的后缀名改为 .dwg 即可。

问:CAD 如何跨文件复制图形?

答:选中需要复制的图形,单击鼠标右键进行复制粘贴;或者选中需要复制的图形,按下基点复制快捷键"Ctrl+Shift+C",再打开目标文件,按下"Ctrl+Shift+V"。

问:CAD 如何输入角度符号(°)?

答:使用 CAD 绘制工程图纸时,难免会遇到需要输入角度符号的情况,对多行文本而言,可以借助右键菜单中的"符号"菜单实现;而针对单行文字,一般都是由控制代码(%%)来生成,输入"%%D"即可。

问:在 CAD 中如何将单行文字转变为多行文字?

答:常用的标注文字分为单行文字和多行文字两类。CAD 为了方便用户使用,同时提供了多行文字与单行文字之间相互转换的命令:TXT2MTXT,将单行文字转换为多行文字;EXPLODE,将多行文字转换为单行文字。可参考以下步骤:

方法一:选择"扩展工具—文字—文字到多行文字"。

注:使用此法的前提是安装 CAD 时已安装扩展工具。

方法二:在命令行输入 TXT2MTXT,根据提示选择需要转换的单行文字即可。

问:CAD 中有些字删不掉怎么办?

答:首先要查看一下是否将图层锁定了,如果确实如此,那么只需要对图层进行解锁即可;或者检查是否将图层隐藏了,若是,可以先消除隐藏,然后再删除不要的文字。

此外,还可以试一下按"Ctrl+A"键并按住 Ctrl 键不放,框选要保留的部分后删除其余的部分。

问:CAD 如何创建表格样式?

答:打开 CAD 软件,点击"注释"标签,在出现的快捷菜单中选择"表格",单击"表格样式"扩展按钮,在弹出的"表格样式"对话框中单击"新建"按钮,再在弹出的"创建新的表格样式"对话框中单击"继续"按钮,弹出"新建表格样式:Standard 副本"对话框,点击"文字"选项卡,设置文字高度和文字颜色等,点击"边框"选项卡,设置边框颜色等,可勾选"双线",选择"外边框"等边框特性,单击"确定"按钮返回到"表格样式"对话框,单击"关闭"按钮。

练一练：

1. 绘制图 1-164 中的图形并写出文字说明。

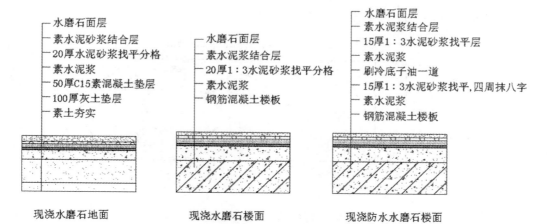

现浇水磨石地面　　　　现浇水磨石楼面　　　　现浇防水水磨石楼面

图 1-164　图形绘制及文字标注练习

2. 使用文本检查命令将图 1-165 中所有"主卧"改为"卧室"，并取消块属性值，取消区分大小写。

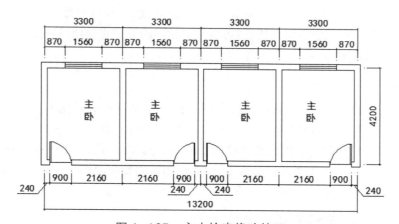

图 1-165　文本检查修改练习

1.10　尺寸标注

1.10.1　尺寸标注的组成

尺寸标注的组成如图 1-166 所示，包括：

(1)尺寸界线。

(2)尺寸线。

(3)标注文字。

(4)箭头(尺寸起止符号)。

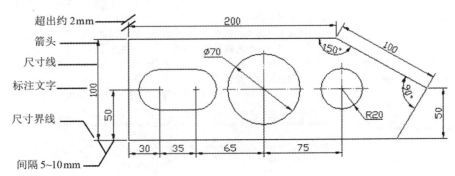

图 1-166　尺寸标注的组成

1.10.2　尺寸标注样式

在标注尺寸时,尺寸标注样式控制着尺寸线、标注文字、尺寸界线、尺寸起止符号的外观和标注方式。它是一组系统变量的集合,可以用对话框的方式直观地设置这些变量,也可以在命令行输入样式设置命令。

1. 建立尺寸标注样式

直接在命令行输入 DST 或 DDIM 或者点击"标注样式"图标(见图 1-167),采用上述任何一种方法后,显示图 1-168 所示的"标注样式管理器"对话框。在"标注样式管理器"对话框中,用户可以按照国家标准的规定以及具体使用要求,新建标注样式,如图 1-169 所示。同时,用户也可以对已有的标注格式进行局部修改,以满足当前的使用要求。在该对话框中可设置尺寸标注的构成要素和设置标注格式。

图 1-167　"标注样式"图标

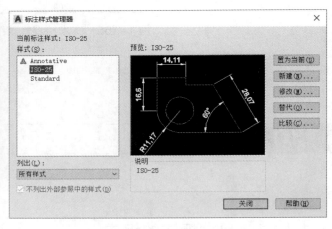

图 1-168　"标注样式管理器"对话框

图 1-169　新建标注样式

2. 设置尺寸标注样式

单击"标注样式管理器"对话框中的"修改"按钮将弹出"修改标注样式"对话框(见图 1-170)。"修改标注样式"对话框中,设有"直线和箭头""文字""调整""主单位""换算单位""公差"等选项卡,用户可根据需要分别选择其中的各项,对相关变量进行设置。

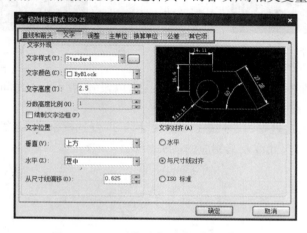

图 1-170　"修改标注样式"对话框

打开"标注样式管理器"对话框还有以下方法:

(1)"格式"菜单下选择"标注样式"命令。

(2)输入快捷命令 D 或按"Ctrl+M"键。

"直线和箭头"选项卡(见图 1-171)中:

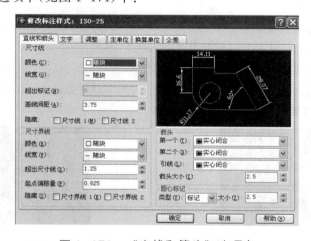

图 1-171　"直线和箭头"选项卡

（1）在"尺寸线"选项区中，可以设置尺寸线的颜色、线宽、超出标记以及基线间距等属性。该选项区中各选项含义如下：

"颜色"下拉列表框：用于设置尺寸线的颜色。

"线宽"下拉列表框：用于设置尺寸线的宽度。

"超出标记"微调框：当尺寸线的箭头采用倾斜建筑标记、小点或无标记等样式时，使用该文本框可以设置尺寸线超出尺寸界线的长度。"超出标记"值为 0 时，标注样式如图 1-172 所示；"超出标记"值不为 0 时，标注样式如图 1-173 所示。

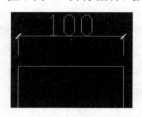 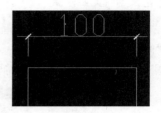

图 1-172　"超出标记"值为 0 时的　　　　图 1-173　"超出标记"值不为 0 时的
　　　　　标注样式　　　　　　　　　　　　　　　标注样式

"基线间距"文本框：进行基线尺寸标注时，可以设置各尺寸线之间的距离，如图 1-174 所示。

"隐藏"选项区：通过选择"尺寸线 1"或"尺寸线 2"复选框，可以隐藏第一段（见图 1-175）或第二段（见图 1-176）尺寸线及其相应的箭头。

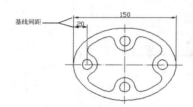 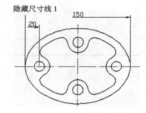 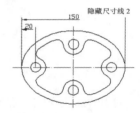

图 1-174　基线间距　　　　图 1-175　隐藏尺寸线 1　　　　图 1-176　隐藏尺寸线 2

（2）在"尺寸界线"选项区中，可以设置尺寸界线的颜色、线宽、超出尺寸线的长度和起点偏移量、隐藏控制等属性。

该选项区中各选项含义如下：

"颜色"下拉列表框：用于设置尺寸界线的颜色。

"线宽"下拉列表框：用于设置尺寸界线的宽度。

"超出尺寸线"文本框：用于设置尺寸界线超出尺寸线的距离。该值为 0 时尺寸界线如图 1-177 所示；不为 0 时如图 1-178 所示。

 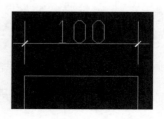

图 1-177　"超出尺寸线"值为 0 时的　　　　图 1-178　"超出尺寸线"值不为 0 时的
　　　　　尺寸界线　　　　　　　　　　　　　　　尺寸界线

"起点偏移量"文本框:用于设置尺寸界线的起点与标注定义的距离,如图 1-179 所示。

"隐藏"选项区:通过选择"尺寸界线 1"或"尺寸界线 2"复选框,可以隐藏部分尺寸界线,如图 1-180 所示。

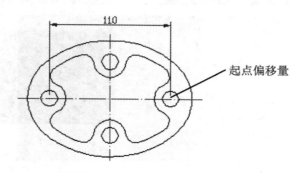

图 1-179　起点偏移量

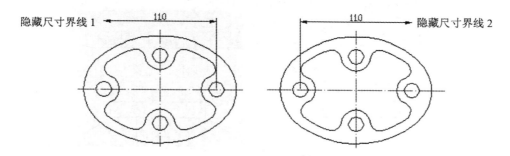

图 1-180　隐藏尺寸界线

(3)箭头:可以设置尺寸线和引线箭头的类型及尺寸大小。

(4)圆心标记:在"圆心标记"选项组中,可以设置圆或圆弧的圆心标记类型,如"标记"、"直线"和"无"。其中,选择"标记"选项可对圆或圆弧绘制圆心标记,如图 1-181 所示;选择"直线"选项,可对圆或圆弧绘制中心线,如图 1-182 所示;选择"无"选项,那么没有任何标记。

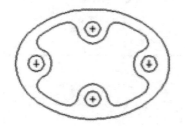
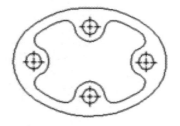

图 1-181　"标记"效果　　　　　图 1-182　"直线"效果

"文字"选项卡如图 1-183 所示。

(1)文字外观:可以设置文字的样式、颜色、高度、分数高度比例以及控制是否绘制文字的边框。

该选项区中各选项含义如下:

"文字样式"下拉列表框:用于选择标注文字的样式。

"文字颜色"下拉列表框:用于设置标注文字的颜色。

"文字高度"文本框:用于设置标注文字的高度。

"绘制文字边框"复选框:用于设置是否给标注文字加边框,如图 1-184 所示。

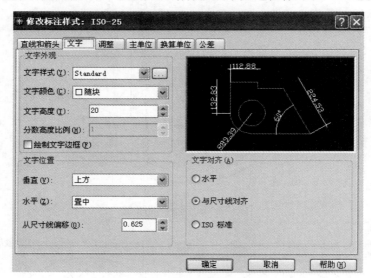

图 1-183 "文字"选项卡

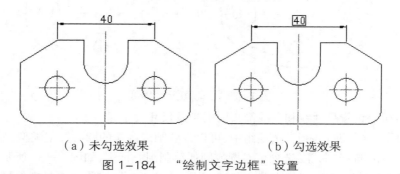

（a）未勾选效果　　　（b）勾选效果

图 1-184 "绘制文字边框"设置

（2）文字位置:可以设置文字的垂直、水平位置以及距尺寸线的偏移量。"垂直"选项设置如图 1-185 所示。"水平"选项设置如图 1-186 所示。

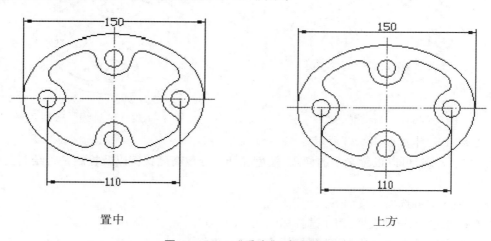

置中　　　　　　　　　　　　　　上方

图 1-185 "垂直"选项设置

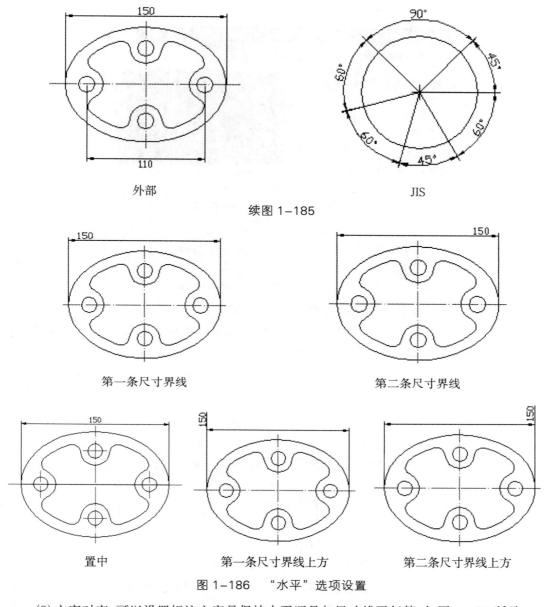

外部　　　　　　　　　　　　　　　JIS

续图 1-185

第一条尺寸界线　　　　　　　　　第二条尺寸界线

置中　　　　　第一条尺寸界线上方　　　　第二条尺寸界线上方

图 1-186　"水平"选项设置

(3)文字对齐：可以设置标注文字是保持水平还是与尺寸线平行等，如图 1-187 所示。

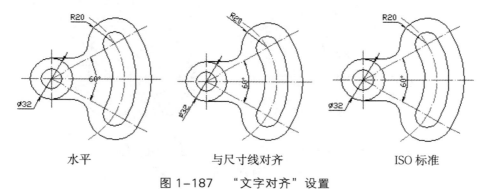

水平　　　　　　　　与尺寸线对齐　　　　　　　ISO 标准

图 1-187　"文字对齐"设置

"调整"选项卡如图 1-188 所示。

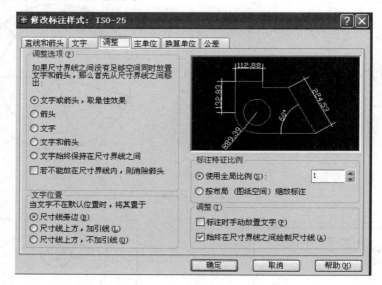

图 1-188　"调整"选项卡

"调整选项"选项区:可以确定当尺寸界线之间没有足够空间同时放置标注文字和箭头时,应首先从尺寸界线之间移出的对象。其设置如图 1-189 所示。

图 1-189　"调整选项"设置

"文字位置"选项区:用户可以设置当文字不在默认位置时的位置。其设置如图 1-190 所示。

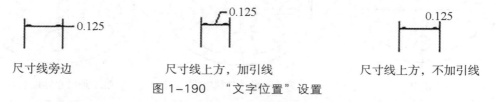

图 1-190　"文字位置"设置

"标注特征比例"选项区:可以设置标注尺寸的特征比例,以便通过设置全局比例因子来增加或减少各标注的大小。其设置如图 1-191 所示。

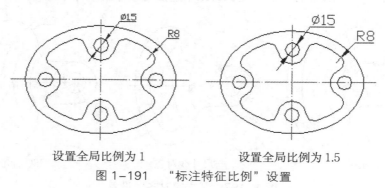

设置全局比例为 1　　　　　设置全局比例为 1.5

图 1-191　"标注特征比例"设置

"调整"选项区:可以对标注文本和尺寸线进行细微调整。

在"主单位"选项卡(见图 1-192)中可以设置主单位的格式与精度等属性。

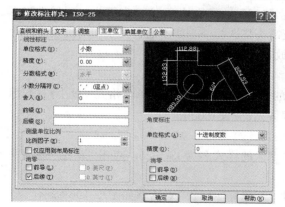 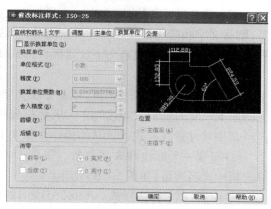

图 1-192　"主单位"选项卡　　　　　图 1-193　"换算单位"选项卡

在"换算单位"选项卡(见图 1-193)中可以设置换算单位的格式。

在"公差"选项卡(见图 1-194)中可以设置是否标注公差,以及以何种方式进行标注。

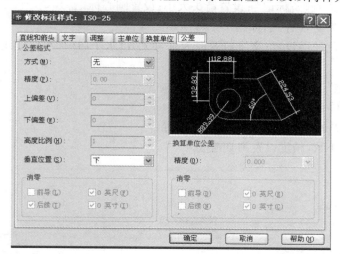

图 1-194　"公差"选项卡

1.10.3　尺寸标注的内容

(1)设置尺寸标注的构成要素。

在"修改标注样式"对话框中,选择左上角"直线和箭头"选项卡,用户可根据需要分别设置尺寸线、尺寸界线有关项数值、颜色,在复选框中直接选择尺寸线终端形式图案等。

(2)设置标注文字样式。

设置标注文字样式,应选择"文字"选项卡,该选项卡用于设置文字的格式和大小。在"修改标注样式"对话框中,选择"文字"选项卡,用户可根据需要分别设置文字样式、文字颜色、文字高度、文字位置、文字对齐方式等。

（3）设置调整选项。

设置内容包括：文字或箭头——为缺省项，文字和箭头会自动选择最佳位置；箭头——优先将箭头移至尺寸界线外；文字——优先将文字移到尺寸界线外面；文字和箭头——如空间不足，则将文字和箭头都放在尺寸界线之外；隐藏箭头复选框——如不能将文字和箭头放在尺寸界线内，则隐藏箭头；调整文字放置区，将文字放在尺寸线旁边。

（4）设置主单位。

设置主单位的格式及精度，以及标注文字的前缀和后缀。建议："单位格式"设小数；若标注的基本尺寸为整数，"精度"设 0，若要标极限偏差，应设 0.000。

常用尺寸标注样式设置具体操作步骤如下：

（1）新建一个标注样式并命名。在 CAD 中默认的样式名为 ISO-25。点击"新建"按钮并修改新样式名即可，如图 1-195 所示。

（2）设置"线"标注样式。AutoCAD 2019 中"新建标注样式"对话框如图 1-196 所示。

说明：线型、颜色随层设置；尺寸界线颜色随层；设置尺寸界线超出尺寸线；设置起点偏移量。

（3）设置"符号和箭头"标注样式，如图 1-197 所示。

说明：箭头选择"建筑标记"；设置箭头大小；设置圆心标记。

（4）设置"文字"标注样式，如图 1-198 所示。

说明：文字颜色随层设置；文字位置设为垂直上方，水平居中；与尺寸线对齐；设置尺寸线偏移。

（5）设置"调整"标注样式，如图 1-199 所示。

说明：文字始终保持在尺寸界线之间。

（6）设置"主单位"标注样式（见图 1-200）等。

说明：单位为小数，精度设置为 0（整数）。

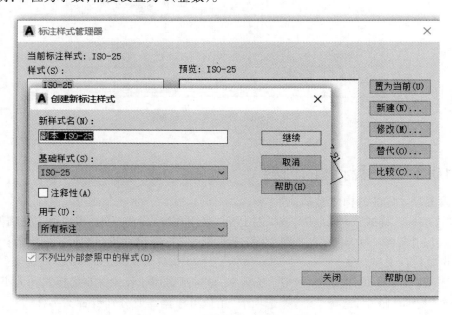

图 1-195　新建标注样式并命名

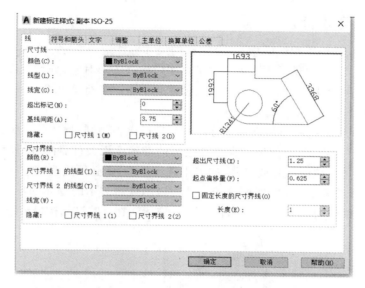

图 1-196　AutoCAD 2019 中"新建标注样式"对话框

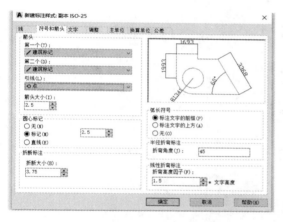

图 1-197　设置"符号和箭头"

图 1-198　设置"文字"标注样式

图 1-199　设置"调整"标注样式

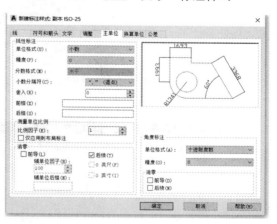

图 1-200　设置"主单位"标注样式

1.10.4　尺寸标注规则

在建筑制图或其他工程绘图中,一个完整的尺寸标注应由数字、尺寸线、尺寸界线、尺寸起止符号等组成。CAD 提供了十余种标注工具用以标注图形对象,分别位于"标注"菜单(见图 1-201)或"标注"工具栏(见图 1-202)中,使用它们可以进行角度、直径、半径、线性、对齐、连续、圆心及基线等标注,如图 1-203 所示。

在 CAD 中,对绘制的图形进行尺寸标注时应遵循以下规则:物体的真实大小应以图样上所标注的尺寸数字为依据,与图形的大小及绘图的准确度无关;图样中的尺寸以毫米为单位时,不需要标注计量单位的代号或名称,如采用其他单位,则必须注明相应计量单位的代号或名称,如度、厘米及米等;图样中所标注的尺寸为该图样所表示的物体的最后完工尺寸,否则应另加说明;一般物体的每一尺寸只标注一次,并应标注在反映该结构最清晰的图形上。

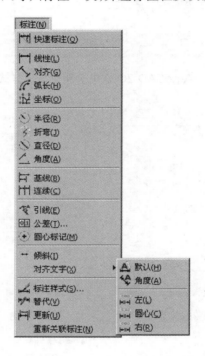

图 1-201　"标注"菜单

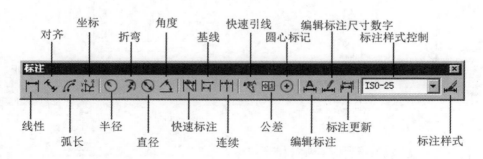

图 1-202　"标注"工具栏

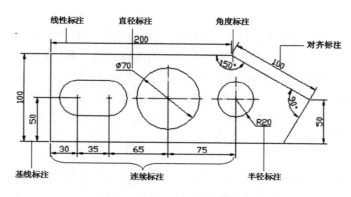

图 1-203　尺寸标注种类

1.10.5　标注尺寸种类

尺寸标注有如下类型。

(1)线性尺寸标注(DIMLINEAR)。

用户选择"标注—线性"命令(DIMLINEAR),或在"标注"工具栏中单击"线性"按钮,可创建用于标注用户坐标系 XY 平面中的两个点之间的距离测量值,并通过指定点或选择一个对象来实现。相关命令行提示如下:

"指定第一个尺寸界线原点或<选择对象>:

指定第二条尺寸界线原点:

指定尺寸线位置或[多行文字(M)/文字(T)/角度(A)/水平(H)/垂直(V)/旋转(R)]:"

⊙角度(A)——尺寸文字与 X 轴正向的夹角。

⊙旋转(R)——尺寸线与 X 轴正向的夹角。

(2)对齐标注。

对齐标注是线性标注尺寸的一种特殊形式。在对直线段进行标注时,如果该直线的倾斜角度未知,那么使用线性标注方法将无法得到准确的测量结果,这时可以使用对齐标注。

选择"标注—对齐"命令(DIMALIGNED),或在"标注"工具栏中单击"对齐"按钮,可以对对象进行对齐标注。

(3)弧长标注。

选择"标注—弧长"命令(DIMARC),或在"标注"工具栏中单击"弧长"按钮,可以标注圆弧线段或多段线圆弧线段部分的弧长,如图 1-204 所示。

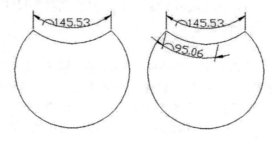

图 1-204　弧长标注

（4）基线标注。

选择"标注—基线"命令（DIMBASELINE），或在"标注"工具栏中单击"基线"按钮，可以创建一系列由相同的标注原点测量出来的标注。与连续标注一样，在进行基线标注之前也必须先创建（或选择）一个线性、坐标或角度标注作为基准标注，然后执行 DIMBASELINE 命令，此时命令行提示"指定第二个尺寸界线原点或 [选择(S)/ 放弃(U)] < 选择 >："，在该提示下，可以直接确定下一个尺寸的第二条尺寸界线的起始点。CAD 将按基线标注方式标注出尺寸，直到按下 Enter 键结束命令为止。

（5）连续标注。

选择"标注—连续"命令（DIMCONTINUE），或在"标注"工具栏中单击"连续"按钮，可以创建一系列端对端放置的标注，每个连续标注都从前一个标注的第二条尺寸界线处开始。在进行连续标注之前，必须先创建（或选择）一个线性、坐标或角度标注作为基准标注，以确定连续标注所需要的前一尺寸标注的尺寸界线，然后执行 DIMCONTINUE 命令，此时命令行提示"指定第二个尺寸界线原点或 [选择(S)/ 放弃(U)] < 选择 >："，在该提示下，可以确定下一个尺寸的第二个尺寸界线原点，CAD 按连续标注方式标注出尺寸，即把上一个或所选标注的第二条尺寸界线作为新尺寸标注的第一条尺寸界线标注尺寸。在标注完成后，按 Enter 键即可结束该命令。

（6）半径标注。

选择"标注—半径"命令（DIMRADIUS），或在"标注"工具栏中单击"半径"按钮，可以标注圆和圆弧的半径。执行该命令，并选择要标注半径的圆弧或圆，此时命令行提示"指定尺寸线位置或 [多行文字(M)/ 文字(T)/ 角度(A)]："，在指定了尺寸线的位置后，系统将按实际测量值标注出圆或圆弧的半径。也可以利用"多行文字(M)"、"文字(T)"或"角度(A)"选项，确定尺寸文字或尺寸文字的旋转角度。其中，当通过"多行文字(M)"和"文字(T)"选项重新确定尺寸文字时，只有给输入的尺寸文字加前缀"R"，才能使标出的半径尺寸有半径符号"R"，否则没有该符号。

（7）折弯标注。

选择"标注—折弯"命令（DIMJOGGED），或在"标注"工具栏中单击"折弯"按钮，可以折弯标注圆和圆弧的半径。

（8）直径标注。

选择"标注—直径"命令（DIMDIAMETER），或在"标注"工具栏中单击"直径"按钮，可以标注圆和圆弧的直径。直径标注的方法与半径标注的方法相同。在选择了需要标注直径的圆或圆弧后，直接确定尺寸线的位置，系统将按实际测量值标注出圆或圆弧的直径。另外，当通过"多行文字(M)"和"文字(T)"选项重新确定尺寸文字时，需要在尺寸文字前加前缀"%%C"，才能使标出的直径尺寸有直径符号 ϕ。

（9）圆心标记。

选择"标注—圆心标记"命令（CENTERMARK），或在"标注"工具栏中单击"圆心标记"按钮，即可标注圆和圆弧的圆心。此时只需要选择待标注圆心的圆弧或圆即可。圆心标记的形式可以由系统变量 DIMCEN 设置。当该变量的值大于 0 时，作圆心标记，且该值是圆心标记线长度的一半；当变量的值小于 0 时，画出中心线，且该值的正值是圆心处小十字线长度的一半。

（10）角度标注。

选择"标注—角度"命令(DIMANGULAR),或在"标注"工具栏中单击"角度"按钮,都可以测量圆和圆弧的角度、两条直线间的角度,或者三点间的角度,如图 1-205 所示。执行 DIMANGULAR 命令,此时命令行提示"选择圆弧、圆、直线或 < 指定顶点 >:"。

(11)坐标标注。

横向标注是 Y 轴坐标值,纵向标注是 X 轴坐标值。

(12)快速标注。

可以快速创立标注布局。

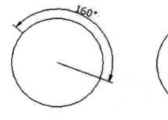
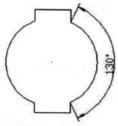
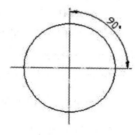

图 1-205　角度标注

1. 创立对齐标注的步骤

(1)在"标注"菜单中选择"对齐"或单击"标注"工具栏中的。

(2)指定物体,在指定尺寸位置之前,可以编辑文字或修改文字角度。

⊙要使用多行文字命令编辑文字,可输入 MTEXT,在多行文字编辑器中修改文字,然后单击确定。

⊙要使用单行文字编辑文字,可输入 T,修改命令行上的文字,然后确定。

⊙要旋转文字,可输入 A,然后输入文字角度。

(3)指定尺寸线的位置。

对齐标注示例如图 1-206 所示。

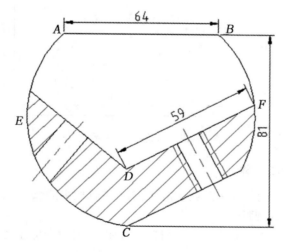

图 1-206　对齐标注示例

注:创立线性标注的方法同创立对齐标注的方法一样。

2. 创立基线线性标注的步骤

(1)从"标注"菜单中选择"基线"或单击"标注"工具栏中的 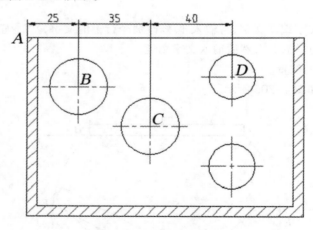。

默认情况下,上一个创立的线性标注的原点用作新基线标注的第一个尺寸界线原点。AutoCAD 提示指定第二条尺寸界线。

(2)使用对象捕捉选择第二个尺寸界线原点,或按 Enter 键选择任意标注作为基准标注。

AutoCAD 在指定距离(在"标注样式管理器"中选择"修改",在"直线和箭头"选项卡的"基线间距"选项中指定)后自动放置第二条尺寸界线。

(3)使用对象捕捉指定下一个尺寸界线原点。

(4)根据需要可继续选择尺寸界线原点。

(5)按两次 Enter 键结束命令。

注:基线标注必须借助于线性标注或对齐标注。

3. 创立连续线性标注的步骤

连续标注必须借助于线性标注和对齐标注,不能单独使用。

(1)从"标注"菜单中选择"连续"或单击"标注"工具栏中的 。

AutoCAD 使用现有标注的第二条尺寸界线的原点作为下一标注的第一条尺寸界线的原点。

(2)使用对象捕捉指定其他尺寸界线原点。

(3)按两次 Enter 键结束命令。

连续标注示例如图 1-207 所示。

图 1-207　连续标注示例

4. 创立直径标注的步骤

(1)从"标注"菜单中选择"直径"或单击"标注"工具栏中的 。

(2)选择要标注的圆或圆弧。

(3)根据需要输入选项"文字(T)"或"多行文字(M)"。要改变标注文字角度,可输入"角度(A)"。

(4)指定引线的位置。

创立半径标注的步骤同创立直径标注的步骤相同。可调整文字位置,如图 1-208 所示。

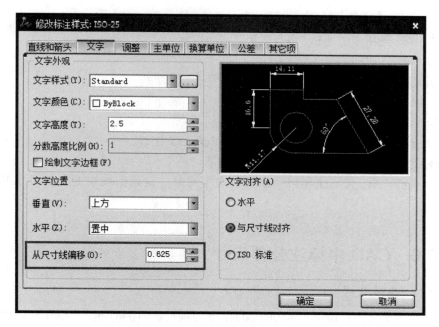

图 1-208　调整文字位置

5. 创立角度标注的步骤

(1)从"标注"菜单中选择"角度"或单击标注工具栏中的 △。

(2)使用以下方法之一：

⊙要标注圆,则将角的第一端点选择为圆上一点,然后指定角的第二端点,如图 1-209 所示。

⊙要标注其他对象,则选择第一条直线,然后选择第二条直线。

(3)根据需要输入选项：

要编辑标注文字内容,可输入 T(文字)或 M(多行文字)。在括号内编辑或覆盖括号(<>)将修改或删除 AutoCAD 计算的标注值。通过在括号前后添加文字可以在标注值前后附加文字。

要编辑标注文字角度,可输入 A(角度)。

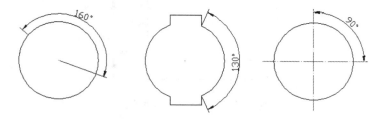

图 1-209　标注圆上的角度

6. 创立引线的步骤

(1)从"标注"菜单中选择"引线"或单击"标注"工具栏中的 ✎。

(2)按 Enter 键显示"引线设置"对话框并进行以下选择：

⊙在"引线和箭头"选项卡中选择"直线"。在"点数"下选择"无限制"。

⊙在"注释"选项卡中选择"多行文字"。

⊙单击"确定"按钮。

(3)指定引线的"第一个"引线点和"下一个"引线点。

(4)按 Enter 键结束选择引线点。

(5)指定文字宽度。

(6)输入该行文字。按 Enter 键根据需要输入新的文字行。

(7)按两次 Enter 键结束命令。

完成引线创立后,文字注释将变成多行文字对象。快速引线中的文字可用 ED 命令来修改。

1.10.6　CAD 中标注公差尺寸

1. 标注公差带代号

根据尺寸注法(GB/T 4458.4—1984 和 GB/T 16675.2—1996)利用"标注样式管理器"建立正确尺寸标注样式,在此基础上,可用下列方法之一进行标注。

方法一:使用输入尺寸文本标注。在执行线性尺寸标注命令后,从尺寸标注提示中选择"文字(T)"输入尺寸文本(即"%%C20f7")而替代测量值,按回车键,用光标确定尺寸位置。

方法二:利用"编辑标注"按钮编辑尺寸。在执行线性尺寸标注命令后,调出"编辑标注"命令,从标注编辑类型中选择"新建(N)",弹出"多行文字编辑器"对话框,在"<>"符号前输入"%%C",符号后输入"f7",单击"确定",选择已标注的线性尺寸,按回车键。

方法三:利用"特性"对话框编辑尺寸。在执行线性尺寸标注命令后,双击已标注的线性尺寸,弹出"特性"对话框,在"文字替代"处输入"%%C20f7"后,关闭"特性"对话框。

方法四:利用"替代当前样式"标注。调出"标注样式管理器"对话框,选择"替代当前样式",在"主单位"选项卡中"前缀"处输入"%%C";"后缀"处输入"f7",执行线性标注命令标注尺寸。

标注效果如图 1-210 所示。

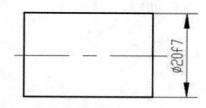

图 1-210　标注公差带代号

2. 标注极限偏差

方法一:使用输入尺寸文本标注。在执行线性尺寸标注命令后,从尺寸标注提示中选择"多行文字(M)",弹出"多行文字编辑器"对话框,在"<>"符号前输入"%%C",符号后输入" − 0.020 ^ − 0.041"并且选取进行堆叠,单击"确定",用光标确定尺寸位置。

方法二:利用"编辑标注"按钮编辑尺寸。在执行线性尺寸标注命令后,调出"编辑标注"

命令,从标注编辑类型中选择"新建(N)",弹出"多行文字编辑器"对话框,在"<>"符号前输入"%%C",符号后输入"-0.020 ^ -0.041"并且选取进行堆叠,单击"确定",选择已标注的线性尺寸,按回车键。

方法三:利用"特性"对话框编辑尺寸。在执行线性尺寸标注命令后,双击已标注的线性尺寸,弹出"特性"对话框,在"标注前缀"输入"%%C";"显示公差"选择极限偏差;"公差等级"选择 0.000;"水平放置公差"选择"下";"公差下偏差"输入 0.041;"公差上偏差"输入 -0.020;"公差消去后续零"选择"否";"公差文字高度"输入 0.7。关闭"特性"对话框。

方法四:利用"替代当前样式"标注。调出"标注样式管理器"对话框,选择"替代当前样式",在"主单位"选项卡中"前缀"处输入"%%C";在"公差"选项卡中"方式"处选择极限偏差;"精度"处选择 0.000;"上偏差"输入 -0.020;"下偏差"输入 0.041;"高度比例"输入 0.7;"垂直位置"选择"下";"后续"选取。执行线性标注命令标注尺寸。

标注效果如图 1-211 所示。

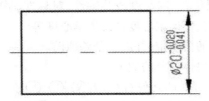

图 1-211　标注极限偏差

3. 同时标注公差带代号和极限偏差

方法一:使用输入尺寸文本标注。在执行线性尺寸标注命令后,从尺寸标注提示中选择"多行文字(M)",弹出"多行文字编辑器"对话框,在"<>"符号前输入"%%C",符号后输入"f7(-0.020 ^ -0.041)"并且选取" -0.020 ^ -0.041"进行堆叠,单击"确定",用光标确定尺寸位置。

方法二:利用"编辑标注"按钮编辑尺寸。在执行线性尺寸标注命令后,调出"编辑标注"命令,从标注编辑类型中选择"新建(N)",弹出"多行文字编辑器"对话框,在"<>"符号前输入"%%C",符号后输入"f7(-0.020 ^ -0.041)"并且选取" -0.020 ^ -0.041"进行堆叠,单击"确定",选择已标注的线性尺寸,按回车键。

标注效果如图 1-212 所示。

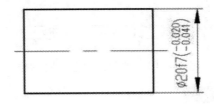

图 1-212　同时标注公差带代号和极限

4. 形位公差

形位公差即形状位置公差,在机械图中极为重要。一方面,如果形位公差不能完全控制,装配件就不能装配;另一方面,过度吻合的形位公差又会由于额外的制造费用而造成浪费,但在大多数的建筑图形中,形位公差几乎是不存在的。

形位公差的符号表示如图 1-213 所示。

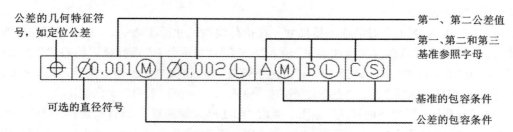

图 1-213　形位公差的符号表示

在形位公差中,特征控制框至少包含几何特征符号和公差值两局部,各组成局部的意义如下:

几何特征符号:用于说明位置、同心度或共轴性、对称性、平行性、垂直性、角度、圆柱度、平直度、圆度、直度、面剖、线剖、环形偏心度及总体偏心度等。

直径:用于指定一个圆形的公差带,并放于公差值前。

公差值:用于指定特征的整体公差的数值。

包容条件:用于说明大小可变的几何特征,有Ⓜ、Ⓛ、Ⓢ和空白四个选择,其中Ⓜ表示最大包容条件,几何特征包含规定极限尺寸内的最大容量,Ⓛ表示最小包容条件,几何特征包含规定极限尺寸内的最小包容量,Ⓢ表示不考虑特征尺寸,这时几何特征可能是规定极限尺寸内的任意大小。

基准:特征控制框中的公差值,最多可跟随三个可选的基准参照字母及其修饰符号。

要标注形位公差,应先从“标注”菜单中选择“公差”或单击“标注”工具栏中的⊞。要设置形位公差标注,应调出“形位公差”对话框(见图 1-214),再分别设置符号和包容条件,如图 1-215 和图 1-216 所示。

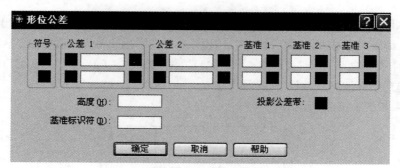

图 1-214　“形位公差”对话框

图 1-215　“符号”对话框

图 1-216　“包容条件”对话框

1.10.7 编辑标注

利用编辑标注功能 可以编辑已有标注的标注文字内容和放置位置。

"默认":选择该选项,并选择尺寸对象,可以按默认位置及方向放置尺寸文字。

"新建":可以修改尺寸对象,此时系统将显示"文字格式"工具栏和文字输入窗口,修改或输入尺寸文字后,选择需要修改的尺寸对象即可。

"旋转":可以将尺寸文字旋转一定的角度。

"倾斜":可以使非角度标注的尺寸界线倾斜一个角度。

编辑标注文字功能 主要是控制文字的位置。

练一练:

完成图 1-217 的绘制。

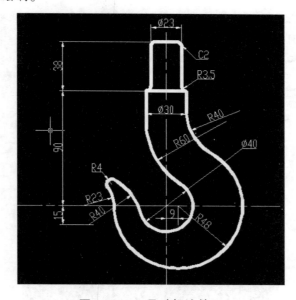

图 1-217　尺寸标注练习

问:CAD 中显示不了汉字,或者输入的汉字变成了问号,该怎么办?

答:可能是因为对应的汉字没有使用汉字字体,如 HZTXT.SHX 等,选择相应的汉字字体即可;或者当前系统中没有汉字字体文件,应将所用到的字体文件复制到 CAD 的字体目录 "FONTS"中;对于某些符号,如希腊字母等,同样必须使用对应的字体文件,否则会显示成问号。

问:尺寸标注后,图形中有时出现一些小的白点,却无法删除,为什么?

答:AutoCAD 在标注尺寸时会自动生成 DEFPOINTS 层,保存有关标注点的位置等信息,该层一般是冻结的。由于某种原因,这些点有时会显示出来,可先将 DEFPOINTS 层解冻后再删除。

问:在修改了原有的带公差标注数值之后发现无法自动生成公差,如何修改?

答:针对这个问题,建议直接再次输入公差形式数值。也就是说,倘若正负号后面为同一数值,那么输入"%%P+ 数值";倘若正负号后面不是同一数值,例如"+1　-2",那么需要先输入"+1^-2",接着把"+1^-2"选中设置堆叠即可。

问:CAD 中标注文字与尺寸线的距离如何设置?

答:在给 CAD 图纸添加标注时,为了美观,需要适当调整标注文字与尺寸线的距离。其实,这个设置步骤很简单:选择"标注—标注样式—修改—文字",修改"从尺寸线偏移"的值并确定。

问:在 CAD 中如何测量斜线?

答:在 CAD 中,测量斜线长度可以直接使用 DI 命令,得到的数据只受距离的影响而不受 X、Y 轴方向的影响;也可以借助标注来实现:选择"标注—对齐"。

问:在 CAD 中如何调用标注栏?

答:使用 CAD 绘图,标注几乎是不可或缺的,然而有时候标注栏并没有显示出来,为了提高绘图效率,可以借助以下操作调出标注栏:选择"工具—工具栏—AutoCAD—标注"。

问:CAD 标注完尺之后看不到尺寸线及数字怎么办?

答:正常情况下,在 CAD 标注完尺寸之后能够清楚地看到尺寸线及数字,当然在某些特殊情况下显示会有所不同,如只显示尺寸线但不显示数字(见图 1-218)。出现这种情况主要原因可能是字体设置得太小了,CAD 字体的默认高度是 2.5,但如果图形很大,那么相较之下字体就显得很小,不细看几乎看不到。因此,可以通过修改字体高度从而将数字显示出来。倘若尺寸线和数字都不显示,那么最可能的原因就是图层被隐藏。需要查看一下是否将标注所在的图层隐藏起来了,如果真的是,那么只需要取消图层隐藏即可。

图 1-218 只显示尺寸线但不显示数字

任务训练

完成图 1-219 所示的尺寸标注。

【操作要求】

(1)设置尺寸标注图层:建立尺寸标注层;图层名自定。

(2)设置尺寸标注样式:尺寸各参数设置合理。

(3)标注尺寸:按图标注尺寸。

(4)修饰尺寸:修饰尺寸线,使之符合制图规范。

(5)保存:将完成的图形以"姓名.DWG"为文件名存于用户文件夹中。

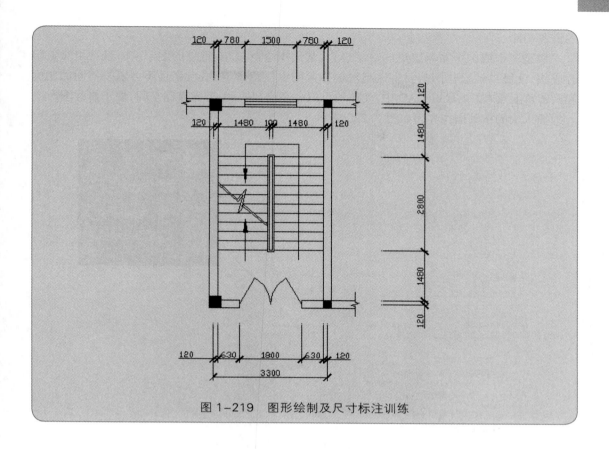

图 1-219　图形绘制及尺寸标注训练

1.11　CAD 的图块设置

1.11.1　CAD 中图块的定义

图块是一组图形实体(包括图层、颜色、线型)的总称。图块是一个独立、完整的对象。

在工程绘图中,常常使用一些图形符号,如建筑制图中的标高、门窗符号等,为了减少重复工作,便有了图块这个概念,利用图块,用户能方便地使用相同的实体。同时,在绘制相对复杂的图形时,使用图块可以大大节约磁盘的空间。

图块是 AutoCAD 图形设计中的一个重要概念。在绘制图形时,如果图形中有大量相同或相似的内容,或者所绘制的图形与已有的图形文件相同,那么可以把要重复绘制的图形创立成块(图块),并根据需要为块创立属性,指定块的名称、用途及设计者等信息,在需要时直接插入它们,从而提高绘图效率。

当然,用户也可以把已有的图形文件以参照的形式插入当前图形中(即使用外部参照),或是通过 AutoCAD 设计中心浏览、查找、预览、使用和管理 AutoCAD 图形、块、外部参照等不同的资源文件。

　　块是一个或多个对象组成的对象集合,常用于绘制复杂、重复的图形。一旦一组对象组合成块,就可以根据作图需要将这组对象插入图中任意指定位置,而且还可以按不同的比例和旋转角度插入。在 AutoCAD 中,使用块可以提高绘图速度,节省存储空间,便于修改图形。

　　插入块的相关操作界面如图 1-220 所示。

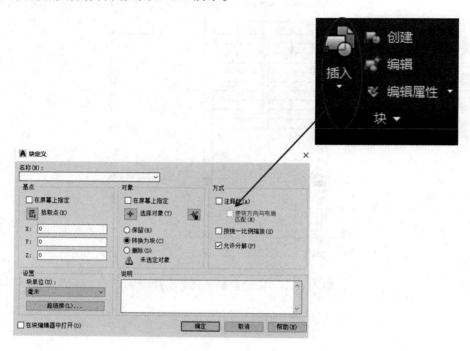

图 1-220　插入块的相关操作界面

1.11.2　图块的作用

　　将多个实体组合成一个整体,并将这个整体命名保存,在以后的图形编辑中这个整体就被视为一个图块。一个图块包括可见的实体(如线、圆弧、圆)以及可见或不可见的属性数据。图块作为图形的一部分储存。例如桌子图形,它由桌面、桌腿、抽屉等图形组成,如果每次画相同或相似的桌子时都要画桌面、桌腿、抽屉等部分,那么工作不仅烦琐而且重复。如果我们将桌面、桌腿、抽屉等部件图形组合起来,定义成名为"桌子"的一个图块,那么在以后的绘图中,我们只需将这个图块以不同的比例插入图形中即可。图块能帮我们更好地组织工作,快速创建与修改图形,减少图形文件的大小。使用图块,可以创建一个自己经常要使用的符号库,然后以图块的形式插入一个符号,而不是从空白开始重画该符号。在 CAD 的绘图过程中,使用图块有以下 5 个作用。

1. 提高绘图速度

　　在绘图的过程当中,往往需要绘制一些重复出现的图形。如果把这些图形创建成图块保存起来,绘制它们时就可以直接使用插入块的方法实现,把绘图的工作变成了拼图的工作,这样就避免了大量的重复性的工作,从而大大提高了绘图速度。

2. 建立图块库

可以将绘图过程中常用到的图形定义成图块,保存在硬盘上,这样就形成了一个图块库。用户需要插入某个图块时,可以将其调出并插入图形文件中,极大地提高绘图效率。

3. 节省存储空间

AutoCAD 要保存图中每个对象的相关信息,如对象的类型、名称、位置、大小、线型及颜色等,这些信息要占用存储空间。如果使用图块,则可以大大节省磁盘的空间,因为 AutoCAD 仅需记住这个块对象的信息,对于复杂但需多次绘制的图形,这一特点更为明显。

4. 方便修改图形

在工程设计中,特别是讨论方案、技术改造初期,常需要修改绘制的图形,如果图形是通过插入图块的方法绘制的,那么只要简单对图块对象重新定义一次,就可以对 AutoCAD 上所有插入的图块进行修改。

5. 赋予图块属性

很多图块要求有文字信息以进一步解释其用途。AutoCAD 允许用户用图块创建这些文件属性,并在插入的图块中指定是否显示这些属性。属性值可以随插入图块的环境不同而改变。

1.11.3　CAD 中图块的创建和使用

当我们在使用 CAD 软件绘制图纸时,我们经常会插入一些软件中自带的图块来帮助绘图,同时也可以自己定义块。

1. 图块(内部块)的创建

直接在命令行输入 BLOCK (B),或者在菜单栏点击"绘图—块(K)—创建(M)",也可以在工具栏点选"绘图—创建块",选取"创建块"后,系统弹出"块定义"对话框。用 BLOCK 命令定义的图块只能在定义图块的图形中调用,而不能在其他图形中调用,因此用 BLOCK 命令定义的图块被称为内部块。

2. 图块(内部块)的分解

图块(内部块)的分解方法:直接在命令行输入 X 或 .X。

3. 图块(内部块)的删除与清除

直接从图形中删除块的方法:直接在命令行输入 E。这种情况下,块定义仍保留在图形中,而且不能减少图形所占文件的空间。

为了减少图形所占文件的空间 ,必须对图块进行彻底清除。

直接从图形中删除块定义的方法:直接在命令行输入 PU。此种方法可以直接从图形中删除块定义,并减少图形所占文件的空间。

4. 插入图块

直接在命令行输入 INSERT(I) 或者单击"插入"图标可以在图形中插入块或其他图形,在插入的同时还可以改变所插入的块或图形的比例与旋转角度。

5. 创建用作块的图形文件

直接在命令行输入 WBLOCK,即创建外部图块。作用:可将所选定的实体作为一个外部图形文件和图块保存;可以创建图形文件,用于作为块插入其他图形。

将当前图形定义为块的步骤:

(1)创立要在块定义中使用的对象。

(2)从"绘图"菜单中选择"块"中的"创建"。

(3)在"块定义"对话框中的"名称"框中输入块名。

(4)在"对象"下选择"转换为块"。如果需要在图形中保存用于创立块定义的源对象,应确保未选中"删除"选项。如果选择了"删除"选项,将从图形中删除源对象。

(5)选择"选择对象"并确定。

"块定义"对话框中各主要选项的功能如下:

(1)"名称"文本框:用于输入块的名称,最多可使用 255 个字符。

(2)"基点"选项区域:用于设置块的插入基点位置。用户可以通过"拾取点"按钮或输入坐标值确定图块插入基点。

单击"拾取点"按钮,"块定义"对话框暂时消失,此时用户需使用鼠标在图形屏幕上拾取所需点作为图块插入基点,拾取基点结束后,返回到"块定义"对话框,X、Y、Z 文本框中将显示该基点的 X、Y、Z 坐标值。

(3)"对象"选项区域:用于设置组成块的对象。其中各选项功能如下:

选择对象:单击该按钮,"块定义"对话框暂时消失,此时用户需在图形屏幕上用任一目标选取方式选取块的组成实体,实体选取结束后,系统自动返回"块定义"对话框。

保留:点选此单选项后,所选取的实体生成块后仍保持原状,即在图形中以原来的独立实体形式保留。

转换为块:点选此单选项后,所选取的实体生成块后在原图形中也转变成块,即在原图形中所选实体将具有整体性,不能用普通命令对其组成目标进行编辑。

删除:点选此单选项后,所选取的实体生成块后将在图形中消失。

(4)预览区域:用于预览图标。如果保存了预览图标,通过设计中心将能够预览该图标。

(5)"块单位"下拉列表框:用于设置从设计中心拖动块时的缩放单位。

(6)"说明"文本框:用于输入当前块的说明局部。

6. 使用图块绘制方式

(1)直接在"绘图"工具栏上点击"插入"按钮或在命令行中直接输入 I,出现"插入"对话框,如图 1-221 所示。

"插入"对话框中各主要选项的功能如下:

①"名称"下拉列表框:用于选择块或图形的名称,用户也可以单击其后的"浏览"按钮,翻开"选择图形文件"对话框,选择要插入的块和外部图形。

②"插入点"选项区域：用于设置块的插入点位置。

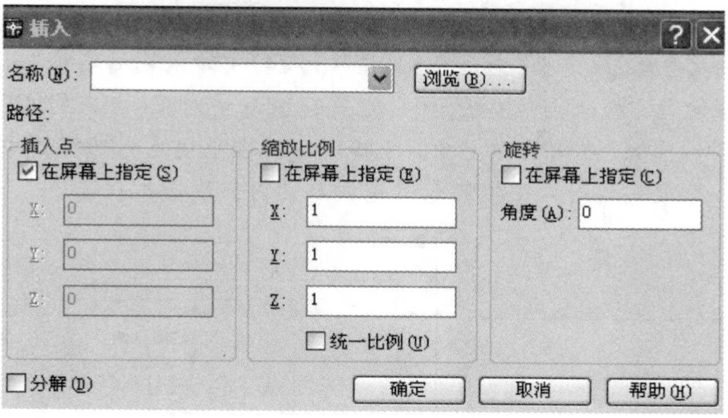

图1-221　"插入"对话框

③"缩放比例"选项区域：用于设置块的插入比例。可不等比例缩放图形，在 X、Y、Z 三个方向进行缩放。

④"旋转"选项区域：用于设置块插入时的旋转角度。

⑤"分解"复选框：选中该复选框，可以将插入的块分解成组成块的各个对象。

(2)利用写块命令(W)可以将块以文件的形式存入磁盘。

"写块"对话框(见图1-222)中各选项含义如下：

①"源"选项区域：设置组成块的对象来源。

"块"单项选择按钮：可以将使用"创建块"命令创立的块写入磁盘。

"整个图形"：可以把全部图形写入磁盘。

"对象"：可以指定需要写入磁盘的块对象。

②"目标"选项区域：设置块的保存名称、位置。

图1-222　"写块"对话框

【例】用 BLOCK 命令将图 1-223 中的床的图形定义为内部块。

操作步骤如下：

执行 BLOCK 命令,在"块定义"对话框(见图 1-224)中输入块的名称"床"—指定基点(点床的左下角)—先点击"拾取点"按钮,再指定—选取写块对象(点床的右下角)—指定窗口右下角点—指定另一角点(点床的左上角)—指定窗口左上角点—选择集中的对象(16)—提示已选中对象数—选取写块对象—按回车键完成定义内部块操作。

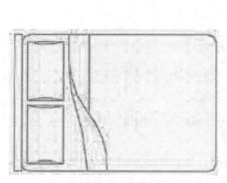

图 1-223　床的图形　　　　　　　　图 1-224　"块定义"对话框

【例】清理图形的错误。

在菜单栏中选择"文件—图形实用工具—清理"(见图 1-225),在弹出的图 1-226 所示的对话框中,勾选"确认要清理的每个项目"和"清理嵌套项目"然后选择"全部清理"。选择"全部清理"后会弹出图 1-227 所示的对话框,选择"清理所有项目"即可。在关闭对话框后可把清理的图纸另存为新图。

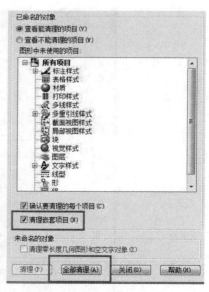

图 1-225　选择"清理"　　　　　　图 1-226　弹出的对话框

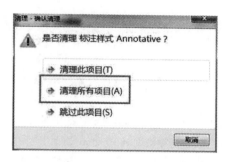

图 1-227　确认清理对话框

小知识

　　创建图块并保存,根据制图需要在不同地方插入一个或多个图块,系统插入的仅仅是一个图块定义的多个引用,这样会大大减小绘图文件大小。同时只要修改图块的定义,图形中所有的图块引用体都会自动更新。

　　如果图块中的实体画在 0 层,且颜色与线型两个属性定义为"随层",插入后它会被赋予插入层的颜色与线型属性。相反,如果图块中的实体,定义前它画在非 0 层,且颜色与线型两个属性不是"随层"的话,插入后它保留原先的颜色与线型属性。

　　新定义的图块中包括别的图块,这种情况叫嵌套。当想把小的元素链接到更大的集合,且在图形中要插入该集合时,嵌套是很有用的。

　　问:一个 CAD 文件里的图形对象不能复制到另一个 CAD 文件怎么办?

　　答:可能是 CAD 版本不兼容,既可以换用相同版本的 CAD 软件打开再复制也可以先将所要复制的对象生成块插入后将块打散;也可能是图层被锁定,需要将图形所在的图层解锁,如图 1-228 所示。

图 1-228　解锁图层

问：CAD图形如何成组？

答：CAD图形成组的具体操作如下：首先选择图形，在命令行输入成组快捷命令G，按回车键确定；在弹出的CAD对象编辑窗口输入编辑组名、说明；接着点击"新建"；点击选择需要编辑成组的图形，按回车键确定；在再次弹出的编辑对象窗口点击"确定"，即可实现成组效果。

问：如何定义块属性？

答：块属性是块的组成部分，一种非图形信息，是特定的可包含在块定义中的文字对象。

一般而言，定义块属性必须在定义块之前进行。通过以下方法可以调出块属性定义面板以设置相关参数：选择"绘图—块—定义属性"，在弹出的"定义属性"对话框（见图1-229）中设置所要的属性即可。

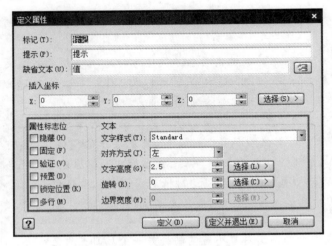

图1-229　"定义属性"对话框

问：CAD中如何修改图块内部图形的颜色？

答：普通图层可以直接选中然后修改为所需要的颜色。在图块中，颜色是具有特定继承关系的。当颜色设置为随层（ByLayer）时，图块中图形颜色与图形所在的图层保持一致。如果图形原始层在0层，块内图形颜色随图块插入的图层变化，否则不随之变化；修改图块颜色，块内图形不跟随改变。当颜色设置为随块（ByBlock）时，颜色与图块保持一致，修改图块颜色，块内图形颜色也随之改变。当颜色设置为红、蓝、绿等特定颜色时，图形始终保持这些颜色，无论如何对图层或图块颜色进行修改，都不能改变图块内图形的颜色。颜色修改示例如图1-230所示。

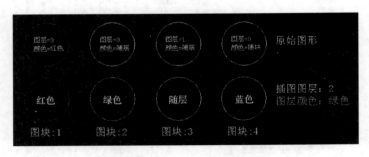

图1-230　颜色修改示例

1.12　创建建筑绘图模板文件

通常在创建建筑工程样板(模板文件)时,用户应根据自身绘图习惯及该建筑专业所包含的内容来设定。CAD 中图形样板文件常为包含有一定绘图环境和专业参数的设置,但并没有图形对象的空白文件,将此空白文件保存为 .dwt 格式后即为样板文件。要调用已有图形作为样板,要求在用户的计算机中已有一个符合规定的专业工程图形文件。用户只需打开该文件,将文件中多余的图形删除,然后将其另存为一个后缀为 .dwt 的样板文件即可。

在建筑制图中,国家标准规定图纸分为 A0、A1、A2、A3、A4 等图纸,而每一类图纸又分为有装订边和无装订边两种,并且图纸还有横放与竖放的区别,所以我们在实际绘图之前,可以根据需要建立各类图纸的图形样板格式文件,在绘图时进行适时的调用,提高绘图效率。这里仅就 A4 图纸的图形样板文件的建立来进行举例,其余几类图纸的图形样板文件可以类似建立。

1.12.1　建筑绘图模板内容

新建一个名为 A4.dwt 的 A4 图形样板文件,内容如下:

(1)设置绘图界限为 A4 尺寸,长度单位精度为小数点后面保留 3 位数字,角度单位精度为小数点后面保留 1 位数字。

(2)按照下面要求设置图层、线型:

①层名:中心线。颜色:红。线型:Center。线宽:0.25。

②层名:虚线。颜色:黄。线型:Hidden。线宽:0.25。

③层名:细实线。颜色:蓝。线型:Continuous。线宽:0.25。

④层名:粗实线。颜色:白。线型:Continuous。线宽:0.50。

⑤层名:尺寸线。颜色:青。线型:Continuous。线宽:0.25。

⑥层名:文字。 颜色:白。线型:Continuous。线宽:0.25。

(3)设置文字样式(使用大字体 gbcbig.shx):

①样式名:数字。字体名:Gbeitc.shx。文字宽的系数:1。文字倾斜角度:0。

②样式名:汉字。字体名:Gbenor.shx。文字宽的系数:1。文字倾斜角度:0。

(4)根据图形设置尺寸基础标注样式。

(5)根据以上设置建立一个 A4 样板文件,并保存在电脑上。

1.12.2　建筑绘图模板设置过程

(1)设置图形界限和长度单位、角度单位精度。

设置图形界限:命令行输入 LIMITS 命令,指定左下角点时输入(0,0),右上角输入(210,297)。

设置长度、角度单位精度:菜单栏选择"格式—单位",打开"图形单位"对话框,如图 1-231 所示。

图 1-231　　"图形单位"对话框

注:图框及标题栏的形式可以自己定。

(2)设置图层、线型、线宽、颜色,如图 1-232 所示。

(3)菜单栏选择"格式—文字样式",打开"文字样式"对话框(见图 1-233),按要求设置数字、汉字文字样式。

(4)菜单栏选择"格式—标注样式",打开"标注样式管理器"对话框(见图 1-234),新建机械样式,并按要求设置好。

(5)制作图框和标题栏,如图 1-235 所示。所有的施工图都需要带图框。图框信息包含了设计单位、图纸名称、设计人、负责人、图号、出图日期等一系列必要信息。不同的单位有不同的图框标准和样式。图框外边框的绘制起点为(0,0),终点为(210,297)。

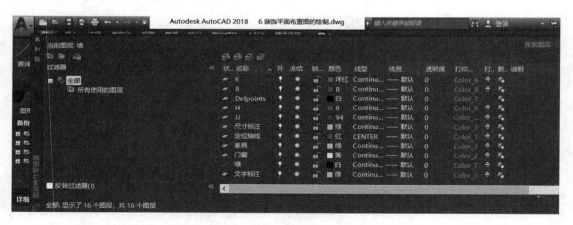

图 1-232　　设置图层、线型、线宽、颜色

图 1-233　　"文字样式"对话框

图 1-234　　"标准样式管理器"对话框

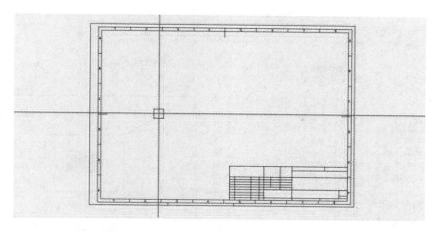

图 1-235 图框和标题栏

(6)保存为.dwt样板文件。

任务训练

绘制图1-236至图1-240中的图形。

【操作要求】

(1)建立绘图区域:建立合适的绘图区域,图形必须在设置的绘图区域内。

(2)绘图:按规定尺寸绘图,要求图形层次清晰,图层设置合理。楼梯轮廓线应有一定的宽度,宽度自行设置。

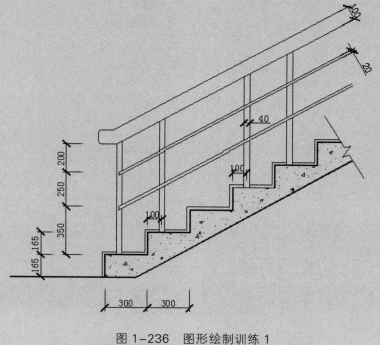

图 1-236 图形绘制训练1

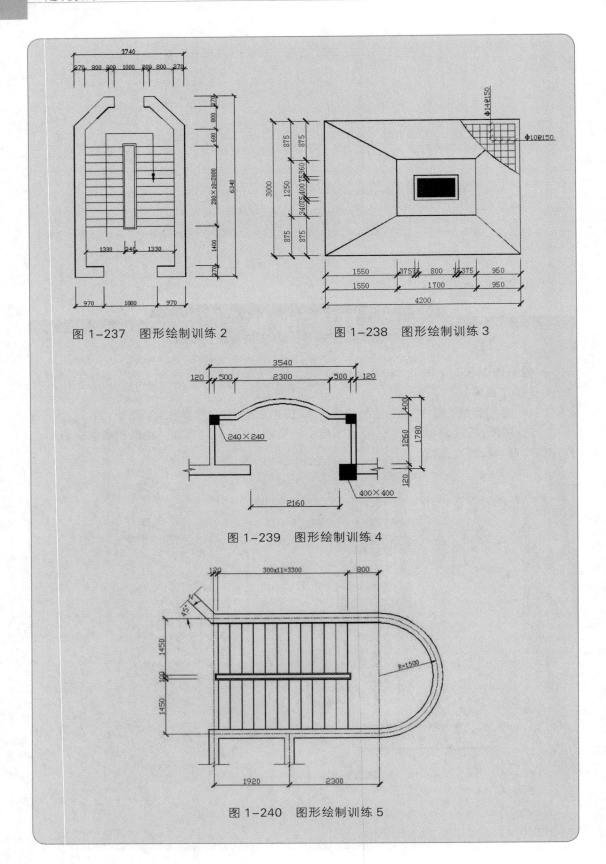

图 1-237　图形绘制训练 2

图 1-238　图形绘制训练 3

图 1-239　图形绘制训练 4

图 1-240　图形绘制训练 5

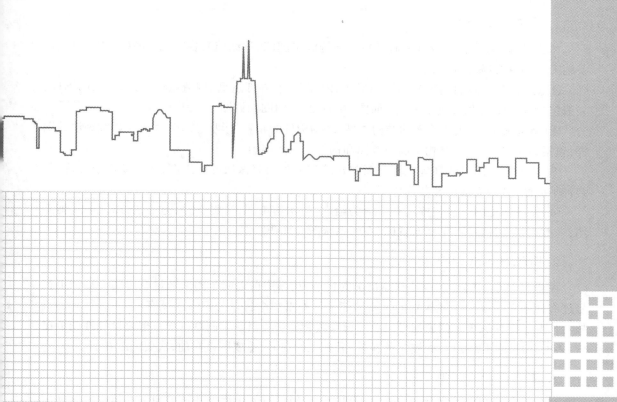

施工图绘制

SHIGONGTU HUIZHI

情景 2

2.1　绘制建筑施工图

2.1.1　建筑施工图的组成

建筑施工图,简称"建施",包括建筑设计说明和建筑总平面图、建筑平面图、立体图、剖面图等基本图纸以及墙身剖面图、楼梯、门窗、台阶、散水、浴厕等详图和材料做法说明等。建筑施工图主要反映一个工程的总体布局,表明建筑物的外部形状、内部布置情况以及建筑构造、装修、材料、施工要求等,用来作为施工定位放线、内外装饰做法的依据,同时也是结构施工图和设备施工图的依据。建筑施工图包括以下部分:图纸目录、门窗表、建筑设计总说明、一层至屋顶的平面图、正立面图、背立面图、东立面图、西立面图、剖面图、节点大样图、门窗大样图、楼梯大样图等。

2.1.2　建筑施工图的分类

1.施工图纸分类

施工图分为建筑施工图(简称建施)、结构施工图(简称结施)、装饰施工图(简称装施)、设备施工图(简称设施)等。

(1)建筑施工图:表达建筑的平面形状、内部布置、外部造型、构造做法、装修做法的图样,一般包括施工图首页、总平面图、平面图、立面图、剖面图和详图。

(2)结构施工图:表达建筑的结构类型、结构构件的布置、形状、连接、大小及详细做法的图样,包括结构设计说明、结构平面布置图和构件详图等内容。

(3)装饰施工图。装饰施工图是反映建筑室内外装修做法的施工图,包括装饰设计说明、装饰平面图、装饰立面图和装饰详图。

(4)设备施工图。设备施工图又分为给水、排水施工图,采暖、通风施工图,以及电气施工图,一般包括设计说明、平面布置图、空间系统图和详图。

2.图纸目录及门窗表

图纸目录是了解建筑设计整体情况的目录,从其中可以明了图纸数量及出图大小和工程号还有建筑单位及整个建筑物的主要功能等。如果图纸目录与实际图纸有出入,必须与建筑核对情况。门窗表表示门窗编号以及门窗尺寸和做法。目录中图纸排序一般是全局性图纸在前,表明局部的图纸在后;先施工的在前,后施工的在后;重要图纸在前,次要图纸在后。

3.建筑设计总说明

建筑设计总说明对结构设计而言是非常重要的,因为建筑设计总说明中会提到很多做法及许多结构设计中要使用的数据,比如建筑物所处位置、黄海标高、墙体做法、地面做法等。

2.1.3 绘制建筑施工图的步骤和方法

1．绘制步骤

(1)确定绘制图样的数量。根据房屋的外形、层数、平面布置和构造内容的复杂程度,以及施工的具体要求,确定图样的数量,做到表达内容既不重复也不遗漏。图样的数量在满足施工要求的条件下以少为好。

(2)选择适当的比例。

(3)进行合理的图面布置。图面布置要主次分明,排列均匀紧凑,表达清楚,尽可能保持各图之间的投影关系。同类型的、内容关系密切的图样,应集中在一张或图号连续的几张图纸上绘制,以便对照查阅。

2．绘制方法

绘制建筑施工图,一般是按"平面图—立面图—剖面图—详图"的顺序来进行的。先用铅笔画底稿,经检查无误后,按国标规定的线型加深图线。用铅笔加深或描图上墨时,一般顺序是:先画上部,后画下部;先画左边,后画右边;先画水平线,后画垂直线或倾斜线;先画曲线,后画直线。

2.2 绘制建筑平面图

2.2.1 建筑平面图的画法步骤

基本步骤:创建模板—设置图形界限—设置基本图层—绘制定位轴线—绘制墙体—绘制门窗—插入家具图例—设置文字、尺寸标注。

具体步骤:

(1)画所有定位轴线,然后画出墙、柱轮廓线。

(2)定门窗洞的位置,画细部,如楼梯、台阶、卫生间等。

(3)经检查无误后,擦去多余的图线,按规定线型加深。

(4)标注轴线编号、标高尺寸、内外部尺寸、门窗编号、索引符号以及书写其他文字说明。在底层平面图中,还应画剖切符号以及在图外适当的位置画上指北针图例,以表明方位。

(5)在平面图下方写出图名及比例等。

设置绘图环境	绘制轴线	墙体的绘制
门窗绘制	楼梯的绘制	插入平面图例
文字标注	尺寸标注	指北针的绘制

2.2.2　绘制卧室平面图

绘制卧室平面图(见图 2-1),按表 2-1 中的要求设置图层。

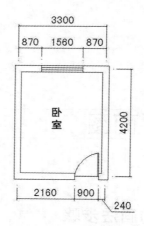

图 2-1　卧室平面图 1

表 2-1　设置图层

名　　称	开/关	冻结/解冻	锁定/解锁	颜　　色	线　　型
定位轴线	开	解冻	解锁	红	Center
门窗	开	解冻	解锁	黄	Continuous
内外墙	开	解冻	解锁	白	Continuous
尺寸标注	开	解冻	解锁	绿	Continuous
文字标注	开	解冻	解锁	绿	Continuous

绘制图 2-2 所示的卧室平面图,则要设置图层颜色、门窗图块,并标注文字尺寸。

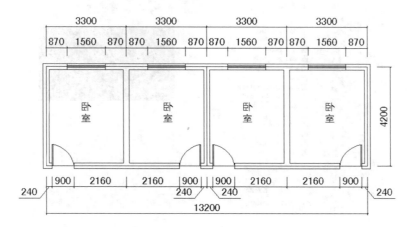

图 2-2　卧室平面图 2

绘制图 2-3 所示的卧室平面图,也要设置图层颜色、门窗图块,并标注文字尺寸。

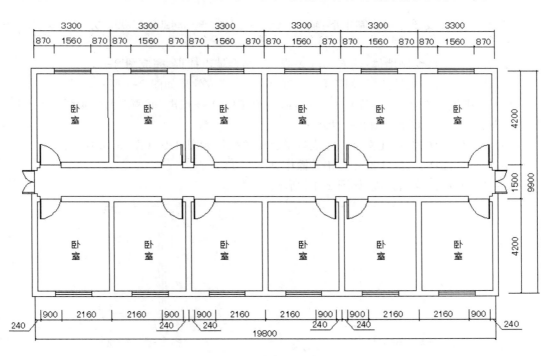

图 2-3　卧室平面图 3

1.设置绘图模板

(1)新建一个文件,选择样板,如图 2-4 所示。

(2)设置图形界限(LIMITS/(0,0)/(42000,29700)/Z/A/)。

(3)设置多线(ML/J/Z/S/240)。

(4)创建图层,按表 2-1 进行设置。

图 2-4　选择样板

2. 开始绘图

（1）在定位轴线图层里绘制矩形：输入 POL（多边形）—@4200，3300。完成效果如图 2-5 所示。

（2）在墙体图层绘制墙体：输入 ML（多线）—结合端点捕捉，完成图 2-6。

（3）修剪门窗洞口：输入 O（偏移）—TR（修剪）。完成效果如图 2-7 所示。

（4）绘制门窗：输入 O（偏移）—POL@40，900（门框）—点击"圆弧"命令画弧（指定起点、圆心和端点）。完成效果如图 2-8 所示。

（5）设置标注样式，标注文字。完成效果及相关操作如图 2-9 和图 2-10 所示。

（6）设置标注样式，标注尺寸。相关操作见图 2-11。

（7）卧室平面图绘制完成，如图 2-12 所示。

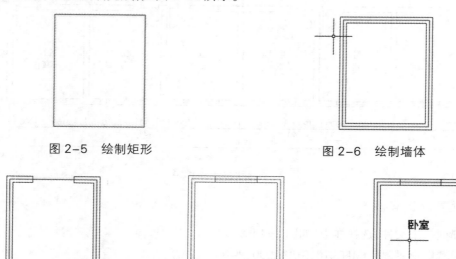

图 2-5　绘制矩形　　　　　　　　　　图 2-6　绘制墙体

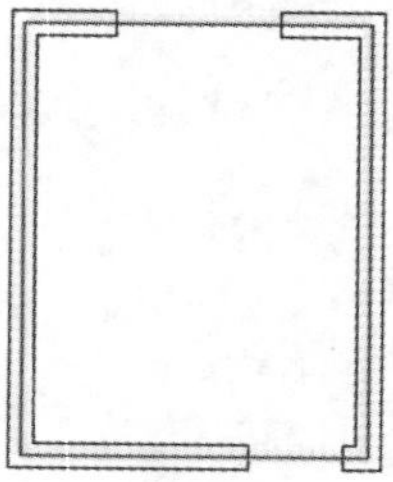

图 2-7　修剪门窗洞口 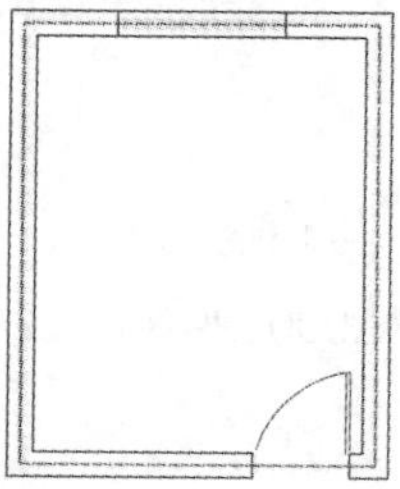　　　图 2-8　绘制门窗　　　图 2-9　标注文字

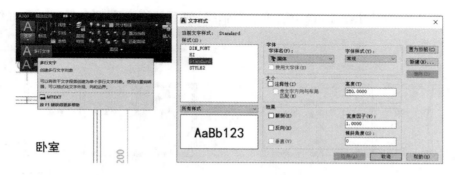

图 2-10 标注文字相关操作

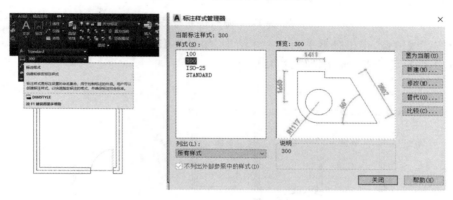

图 2-11 标注尺寸相关操作

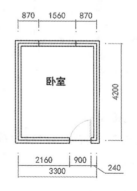

图 2-12 卧室平面图（单个）

(8)选择墙体中间轴线(见图 2-13)镜像复制。

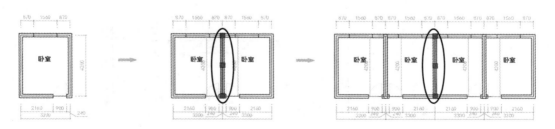

图 2-13 镜像复制

(9)删除下面的尺寸标注,选中墙体中间轴线,朝下继续偏移750,得到一条红线,如图2-14所示。

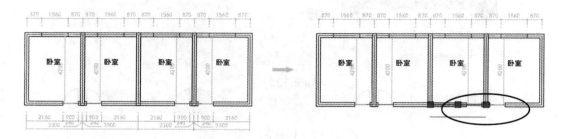

图2-14　偏移得到红线

(10)按红线镜像,得出卧室平面的主体结构,如图2-15所示。

(11)如图2-16所示,使用拉伸,连接墙体。

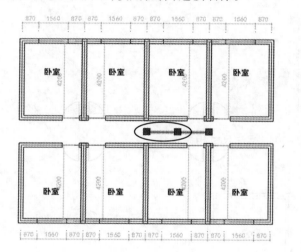

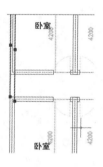

图2-15　按红线镜像　　　　　　　　图2-16　连接墙体

(12)将横墙中心线偏移240(见图2-17),得出门洞的宽度,如图2-18所示。

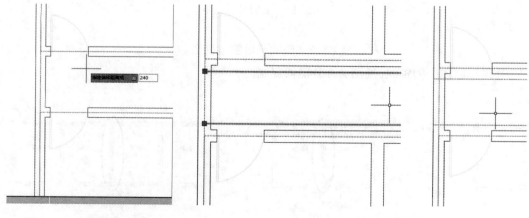

图2-17　偏移中心线　　　　　　图2-18　门洞的宽度

(13)利用修剪命令,继续绘制门洞,如图 2-19 所示。

(14)在门窗图层绘制一扇门:使用 REC 命令绘制 @40,510 的矩形,使用圆弧命令 A 绘制完成弧线。完成效果如图 2-20 所示。

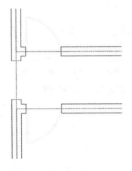

图 2-19　绘制门洞

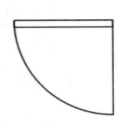

图 2-20　绘制一扇门

(15)使用移动、镜像命令完成图 2-21 中门的绘制。

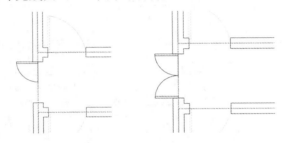

图 2-21　完成门的绘制

(16)调整完成卧室平面图的绘制,如图 2-22 所示。

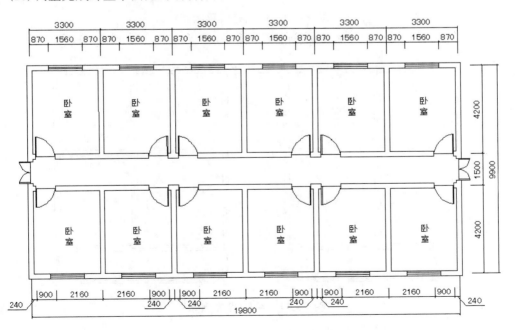

图 2-22　完成卧室平面图的绘制

2.2.3　绘制住宅建筑平面图

本例绘制图 2-23 中的平面图。

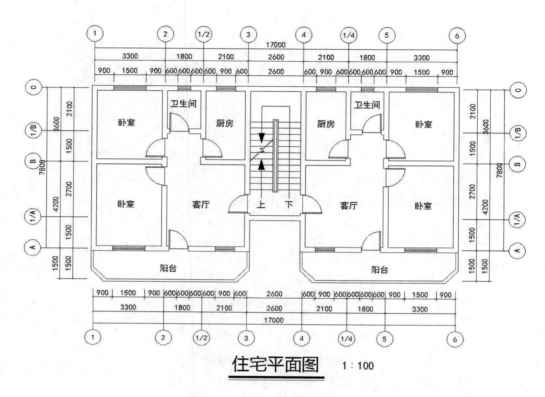

住宅平面图　1：100

图 2-23　住宅建筑平面图

（1）绘制定位轴线网——建筑墙体，如图 2-24 所示。

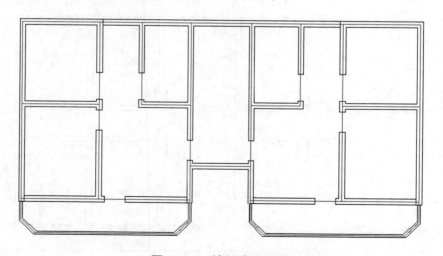

图 2-24　绘制建筑墙体

（2）绘制门窗洞口，如图 2-25 所示。

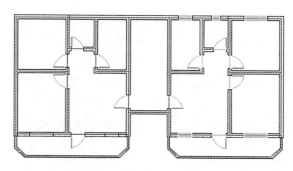

图 2-25　绘制门窗洞口

（3）绘制其他建筑细部构造——柱网、楼梯，如图 2-26 所示。

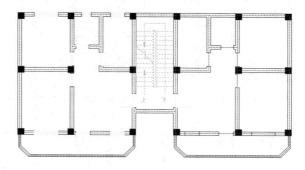

图 2-26　绘制柱网、楼梯

（4）标注文字、标高、首尾轴线及图名、比例，如图 2-27 所示。

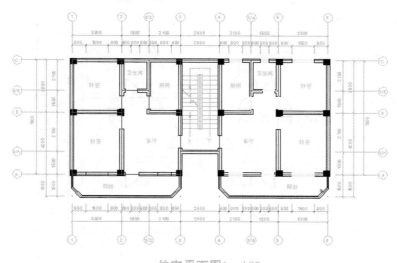

住宅平面图 1：100

图 2-27　添加标注、轴线等

练一练：

完成图 2-28 和图 2-29 所示的建筑平面图的绘制。

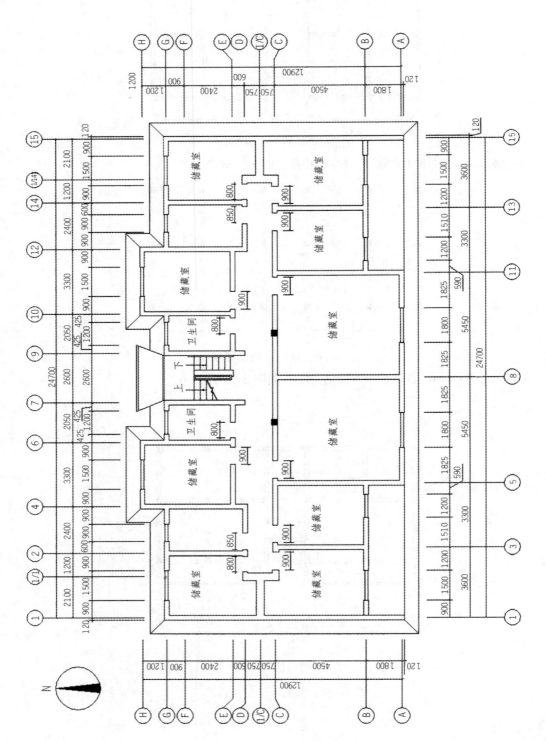

图 2-28　建筑平面图绘制练习 1

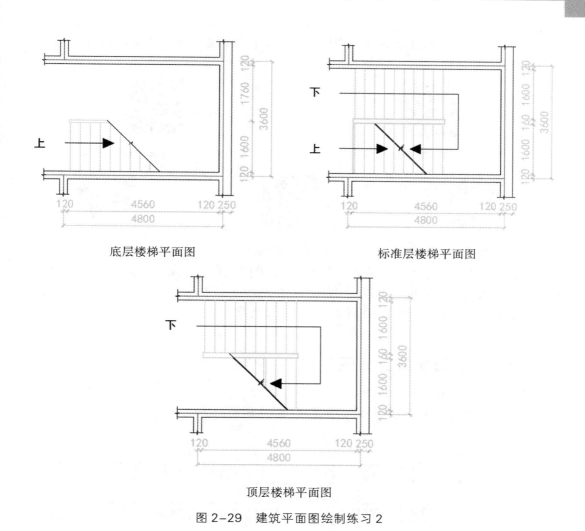

底层楼梯平面图　　　　标准层楼梯平面图

顶层楼梯平面图

图 2-29　建筑平面图绘制练习 2

2.3　绘制建筑立面图

2.3.1　建筑立面图的画法步骤

大致步骤:绘制定位轴线网—绘制建筑墙体—绘制门窗—绘制其他建筑细部构造—标高添加—文字、尺寸标注及符号添加—绘制或插入图框、图名、图线、比例等。

建筑立面图一般应画在平面图的上方,侧立面图或剖面图可放在所画立面图的一侧。

绘制建筑立面图的具体步骤:

(1)画室外地坪、两端的定位轴线、外墙轮廓线、屋顶线等。

（2）根据层高、各部分标高和平面图门窗洞口尺寸，画出立面图中门窗洞、檐口、雨篷、雨水管等细部的外形轮廓。

设置绘图环境

立面墙体的绘制

立面图门的绘制

立面图例的插入

立面图文字标注

（3）画出门扇、墙面分格线、雨水管等细部，对于相同的构造、做法（如门窗立面和开启形式）可以只详细画出其中的一个，其余的只画外轮廓。

（4）检查无误后加深图线，并注写标高、图名、比例及有关文字说明。

2.3.2　绘制建筑立面图

本例绘制图 2-30 中的立面图。

（1）绘制室外地坪线及建筑外轮廓线，如图 2-31 所示。

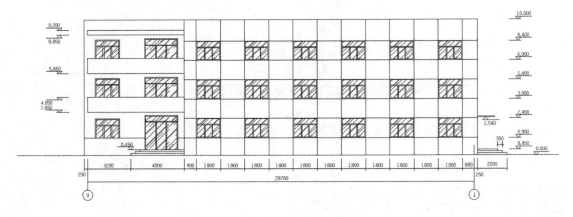

图 2-30　建筑立面图

图 2-31　绘制室外地坪线及建筑外轮廓线

（2）绘制门窗洞口及其他建筑细部构造，如图 2-32 所示。

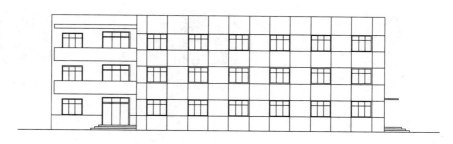

图 2-32　绘制门窗洞口及其他建筑细部构造

(3)标注标高、首尾轴线及图名、比例等，如图 2-33 所示。

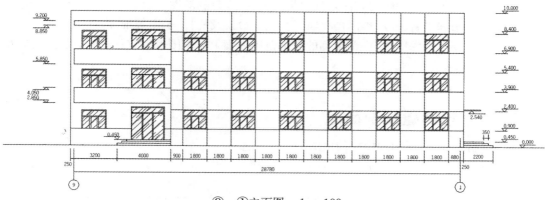

⑨～①立面图　1∶100

图 2-33　标注标高等

2.4　绘制建筑剖面图

2.4.1　建筑剖面图的画法步骤

1. 绘制建筑剖面图的顺序

根据建筑平面图中的剖切符号来绘制剖面图—绘制剖切面造型—使用引线、文字标注其剖切面的建筑材料—绘制或插入图框、图名、图线、比例等。

(1)画定位轴线、室内外地坪线、各层楼面线和屋面线，并画出墙身轮廓线。

(2)画出楼板、屋顶的构造厚度，再确定门窗位置及细部(如梁、板、楼梯段与休息平台等)。

(3)经检查无误后，擦去多余线条。按施工图要求加深图线，画材料图例。注写标高、尺寸、图名、比例及有关文字说明。

设置绘图环境

剖面图文字

剖面图尺寸

2. 画法步骤

以楼梯为例。

(1)画轴线,定室内外地面与楼面线、平台位置及墙身,量取楼梯段的水平长度、竖直高度及起步点的位置。

(2)用等分两平行线间距的方法划分踏步的宽度、步数和高度、级数。

(3)画出楼板和平台板厚,再画楼梯段、门窗、平台梁及栏杆、扶手等细部。

(4)检查无误后加深图线,在剖切到的轮廓范围内画上材料图例,注写标高和尺寸,最后在图下方写上图名及比例等。

2.4.2　绘制建筑剖面图

本例绘制图 2-34 所示的楼梯剖面图。

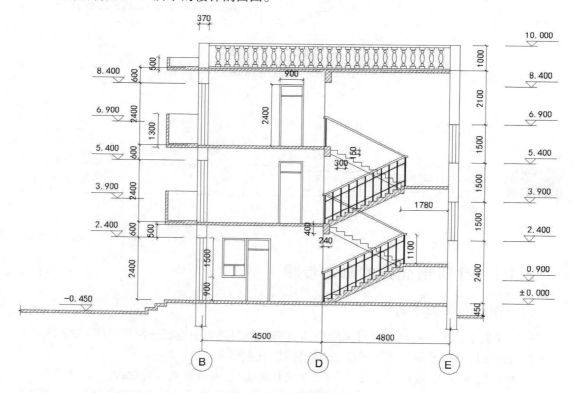

图 2-34　楼梯剖面图

(1)绘制定位轴线、建筑墙体、楼板层,如图 2-35 所示。

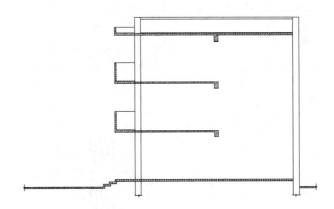

图 2-35 绘制定位轴线、建筑墙体、楼板层

(2)绘制门窗洞口、其他建筑细部构造(栏杆、扶手),如图 2-36 所示。

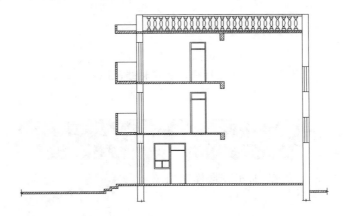

图 2-36 绘制门窗洞口、其他建筑细部构造（栏杆、扶手）

(3)绘制楼梯,如图 2-37 所示。

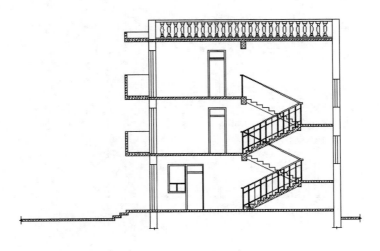

图 2-37 绘制楼梯

（4）标注标高、首尾轴线及图名、比例等，如图 2-38 所示。

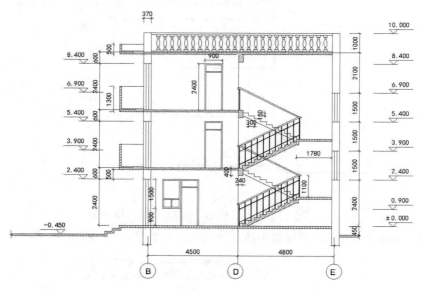

剖面图　1：100

图 2-38　标注标高、首尾轴线及图名、比例等

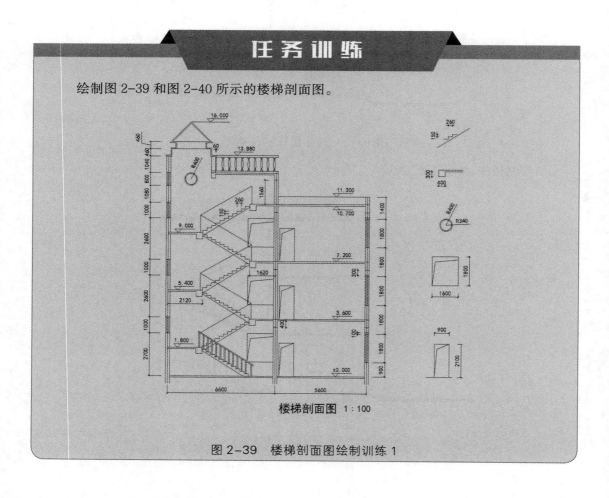

任务训练

绘制图 2-39 和图 2-40 所示的楼梯剖面图。

楼梯剖面图　1：100

图 2-39　楼梯剖面图绘制训练 1

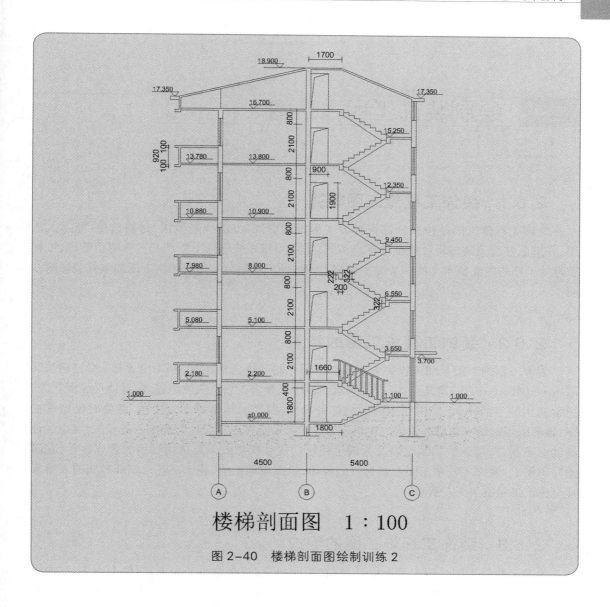

楼梯剖面图　　1：100

图 2-40　楼梯剖面图绘制训练 2

2.5　绘制建筑详图

以楼梯为例。

楼梯详图的画法步骤：

(1)画出楼梯间的开间、进深轴线和墙厚、门窗洞位置，确定平台宽度、楼梯宽度和长度。

(2)采用两平行线间距任意等分的方法划分踏步宽度。

(3)画栏杆(或栏板)、上下行箭头等细部，检查无误后加深图线，注写标高、尺寸、剖切符号、图名、比例及文字说明等。

2.6　绘制装饰工程施工图

2.6.1　装饰工程施工图概述

装饰工程施工图是按照装饰设计方案确定的空间尺度、构造做法、材料选用、施工工艺等,并遵照建筑及装饰设计规范的要求编制的,用于指导装饰施工生产及进行造价管理、工程监理等工作的主要技术文件。装饰工程施工图按施工范围分室内装饰施工图和室外装饰施工图。

2.6.2　装饰工程施工图的特点

装饰工程施工图是用正投影方法绘制的用于指导施工的图样,制图应遵守《房屋建筑制图统一标准》(GB/T 50001—2017)的要求。装饰工程施工图反映的内容多、形体尺度变化大,通常选用一定的比例,采用相应的图例符号和标注尺寸、标高等加以表达,必要时绘制透视图、轴测图等辅助表达以利识读。建筑装饰设计通常是在建筑设计的基础上进行的,由于设计深度的不同、构造做法的细化以及为满足使用功能和视觉效果而选用材料的多样性等,在制图和识图上,装饰工程施工图有其自身的规律,如图样的组成、施工工艺及细部做法的表达等都与建筑工程施工图有所不同。

2.6.3　装饰工程施工图的组成

装饰工程施工图一般由装饰设计说明、平面布置图、楼地面平面图、顶棚平面图、室内立面图、墙(柱)面装饰剖面图、装饰详图等图样组成,其中装饰设计说明、平面布置图、楼地面平面图、顶棚平面图、室内立面图为基本图样,表明装饰工程内容的基本要求和主要做法;墙(柱)面装饰剖面图、装饰详图等为装饰施工的详细图样,用于表明细部尺寸、凹凸变化、工艺做法等。图纸的编排也以上述顺序排列。

2.7　CAD 装饰施工图出图规范要求

建筑装饰施工图文件应根据已获批准的设计方案进行编制,内容以施工图设计图纸为主,文件编制顺序依次应为:封面、图纸目录、设计及施工说明书、建筑装饰(材料)做法表、图纸等。此文件可作为编制工程预、决算和进行施工招标、安排设备、材料订货和非标准设计的制作、施工和安装、施工验收的依据。

2.7.1　封面

封面应包含内容:项目名称、设计单位名称、设计单位的地址(邮编/邮箱/电话/传真/网站信息)、设计单位的设计资质证号、项目的设计编号(年份+月份+项目自然序号)、设计阶段、单位项目负责人的姓名、出图章签章区、版本号、日期等。

2.7.2　目录

图纸编排顺序:

施工图设计说明—项目平面图—原始平面图—总平面图(室内设计分段示意)—平面布置图—墙体定位图—地面材料终饰图—墙面材料终饰图—天花配置图—天花设备综合平面图—平面灯具布置图—平面插座定位图—弱电点位定位图—天花照明示意连线图—内视图(立面图、剖面图)—详图(构造详图、装饰详图、配件和设施详图及加工图)。

2.7.3　设计说明

1. 设计依据

设计依据:工程的招标文件及室内设计方案;工程建设单位对室内方案设计的批复文件;原建筑工程施工图设计文件;消防审批文件;室内设计委托书、合同书;国家有关法律法规和现行的工程建设标准规范。

2. 工程项目概况

工程项目概况应写明:工程名称、工程地点和建设单位;工程的原始情况(建筑的层数、高度,建筑的防火设计和耐火等级);建筑面积;室内装饰装修设计的主要范围和内容;需要介绍的其他情况,包括防火分区的情况和建筑节能措施等其他问题及现存的问题。

3. 设计标高

各层标注的标高均为地面装修完成面的高度;工程标高以 m 为单位,其他尺寸以 mm 为单位。图中未注明单位的,均以 mm 为单位。

4. 装修材料

内容包括:工程用材、设备应满足的国家现行产品标准的规定;对材料的选样、环保、防火及材料确认的一般性规定;对设计上未指定的材料、设备的选择,施工单位应遵守的准则;对材料的防火、防霉及防蛀处理要求;现场配置的材料按设计要求或产品说明书制作;对工程材料配置和工程做法的索引注释。

5. 防火设计

内容包括：设计原则及设计依据；装修施工注意事项。

6. 防水工程

内容包括：工程中防水做法参照的国标图集；防水层一般情况墙面上翻高度，特殊情况上翻高度；其他的说明。

7. 工程做法

内容包括：内隔墙工程、楼（地）面装修工程、吊顶工程、内门窗工程、油漆涂料工程、墙面工程、室内设备选型。

8. 其他注意事项

内容包括：需要专业公司进行深化设计的部分，对分包单位明确设计要求，确定技术接口的深度；其他需要说明的问题。

9. 设计说明编写日期

有时需说明设计说明的编写日期。

2.7.4　装饰材料、设备列表

装饰材料、设备列表由以下几部分组成：装饰面层类、灯具类、洁具／五金／定制类、家具类、软装饰品类。

（1）装饰面层类材料列表应包含以下几项内容：序号、材料代号、材料名称、材料属性描述、燃烧性能、使用部位、做法索引（标准图索引）、备注等。

（2）灯具类材料列表应包括以下几项内容：序号、灯具代号、名称、图例、规格尺寸、材质、光源、功率、色温、使用部位、数量、备注等。

（3）洁具、五金、定制类材料列表应包括以下几项内容：序号、材料代号、材料名称、规格尺寸、材质、颜色、使用位置、数量、备注等。

（4）家具类列表应包括以下几项内容：序号、家具代号、尺寸、材质、颜色、使用位置、数量、备注等。

（5）软装饰品类列表应包括以下几项内容：序号、软饰代号、规格尺寸、材质、颜色、使用位置、数量、备注等。

2.7.5　门窗列表

门窗列表应该包括以下几项内容：类别、名称、原建筑编号、室内设计编号、防火等级、洞口尺寸（门扇尺寸）、数量、使用部位、采用图集及编号、备注、装饰做法表、用料或分层做法、使用部位等。

2.7.6　平面图部分

1. 原始平面图

内容包括：准确表现现场建筑轴网、柱、内外墙等基础构件；注明建筑面积；注明建筑楼层、板底标注,梁底标注,消防设备的管底标注;注明现场有无空调、新风、暖气、消防喷淋、烟感、温感、消防栓、防排烟设施、强电箱、弱电箱等(文字注明即可),设备现在使用情况,在平面上准确表示出暖气片、消防栓、强电/弱电配电箱的位置;以醒目图例标示需拆除部分建筑构件(墙、柱、楼梯等);以文字注明需拆除的设备、管网内容;注明外露水系统管道及尺寸;注明变形缝位置;注明原有隔墙类型及厚度;注明门窗位置及开启方向;指北针;防火分区示意图及分区面积(参考原建筑图纸);简单表现各类型固定设备和家具,并注明电梯、自动扶梯及步道(注明规格)、楼(爬)梯位置及上下方向示意和编号索引;可用文字来注明一些在图纸上无法体现的原始信息;准确标注索引符号和其他编号、图纸名称和制图比例。

2. 平面布置图

内容包括:指北针;建筑墙体与新建隔墙的区分(以填充图例来实现,并对图例有注释说明,如名称、隔墙厚度、备注);门窗类型、编号及开启方向;地面标高(注明本层的绝对标高相对的建筑标高是多少);墙体定位的模数化(室内净空间材料的模数控制);标明装饰设计变更过的所有室内外墙体、门窗、管井、电梯、楼梯和疏散楼梯、平台、阳台等;轴号设置与原建筑保持一致;四边三条尺寸线的设置(原则上四条边全标,特殊情况可只标左侧及下方尺寸);门窗统计表(单列代号、尺寸、数量即可);空间名称、面积标注;标明楼梯的上下方向;对单列表现的空间进行索引说明,对不出图的附属(简单装饰)空间需进行材料、做法文字说明;高窗、高洞口、通气孔等未剖切部位的构件,在平面上用虚线绘制,并注明尺寸。

3. 平面图纸上的标注

尺寸标注分为三类:总尺寸、定位尺寸和细部尺寸。

总尺寸为外轮廓尺寸,是若干定位尺寸之和;定位尺寸为轴线尺寸,表示空间净尺寸,即建筑构配件(如墙体、门窗、洞口等)和室内设计装饰部件、固定家具、设施(如厨具、洁具)确定位置的尺寸;细部尺寸,为建筑物构配件、室内设计装饰部件、固定家具及设施的详细尺寸。

2.7.7　立面图部分

室内立面图应按照正投影法绘制。立面图中应表示出以下内容:室内轮廓线、线脚、立面装修材料交接和装饰构造、门窗、构配件、固定家具、灯具、必要的尺寸和标高,以及需要表达的非固定家具、灯具、装饰物件等(室内立面图的天花轮廓线,可根据具体情况在表达吊顶的同时表达吊顶及结构顶棚);标明立面范围内的轴线和编号,标明立面两端轴线之间的外包尺寸;绘制内墙线,标明上下两端的地面线、原有楼板线、装饰设计的天花及其造型线;标注天花剖切位置的定位尺寸及其他相关尺寸,标注地面标高、建筑层高和天花净高尺寸;绘制墙面和柱面、装饰造型、固定隔断、固定家具、装饰配件和物品、广告灯箱、门窗、栏杆、台阶等的位置,标注定位尺寸和其他相关所有尺寸(可移动的家具、艺术陈设、装饰物品及卫生器具一般情况下用虚线表示轮廓即可,应根据项目实际情况决定是否标注一些必需的定位尺寸和相关尺寸);标注立面和天花剖切部位的装饰材料、材料分块尺寸、材料拼接线和分界线定位尺寸等;标注立面上的灯饰、电源插座、通信插孔、开关、按钮、消防栓等的位置及定位尺寸,标明材料、产品型号和编号、施工做法等。

2.7.8　剖面图部分

用粗实线画出剖到的建筑实体及装修构造(如墙体、梁板、地面、楼梯、屋面板、吊顶和其他装修构造等)轮廓线,标注必要的尺寸和标高;用中实线画出投影方向可看到的建筑构造和构配件(如门、窗、洞口、梁、柱、花坛、坡道、装饰线脚等),室内装修的外轮廓投影可见物以最近面为准,天花、门窗及洞口宜标注标高;用细实线绘出在投影方向可看到的室内装修及陈设(如家具、饰物)的立面及门窗开启线;标注剖切到的建筑构件的轴号、间距尺寸等基本属性;标注剖视处的建筑、装饰构件之间的上下、前后尺寸间距和相对关系(室内剖面的尺寸与标注,应涵盖以下两个方面:各剖切门窗洞口高度及吊顶等装饰构造与楼面的关系尺寸);标注清晰标高;标注节点构造详图的索引号(索引的原则是方便施工、易于查找;索引编号可索引在剖视图上,也可索引在立面图上;剖面图的常用比例为1∶20、1∶30、1∶50、1∶60、1∶100,可根据实际表现内容和图幅的限定科学选择合适的比例);标注图纸名称和制图比例等。

2.7.9　详图部分

装饰详图包括线脚、柱式、图案、装饰物等构造做法,以及材料、细部尺寸与主体的连接构造等;表示节点处内部的结构形式,绘制原有建筑结构、面层装饰材料、隐蔽装饰材料、支撑和连接材料及构件、配件跟它们之间的相互关系,标注所有材料、构件、配件等的详细尺寸、产品型号、做法和施工要求;表示面层材料之间的连接方式、连接材料、连接构件等,标注面层装饰材料的收口、封边以及详细尺寸做法;标注面层装饰材料、详细尺寸和做法;标注装饰面上的设备和设施安装方式及固定方法,确定收口和收边方式,标注详细尺寸和做法;标注索引和编号、图纸名称和制图比例等。详图的比例要求:原则上以清晰表现构造、材料、尺寸为准,可据实际情况进行比例选择与调整;常用比例为1∶10、1∶5、1∶2、1∶1等(正常情况下选用1∶5)。

2.8　绘制装饰平面图

装饰平面图的绘制顺序:创建模板—设置图形界限—设置基本图层—绘制定位轴线—绘制墙体—绘制门窗—插入家具图例(或者布置地面材质)—撰写文字说明—标注尺寸。

2.8.1　绘制户型平面图

本例绘制图 2-41 所示的户型平面图。

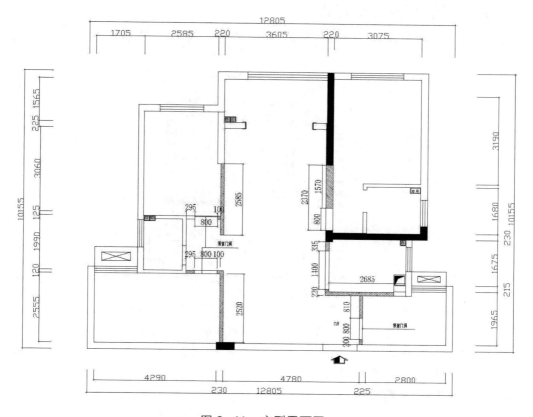

图 2-41　户型平面图

(1)绘制定位轴线。使用命令如下：

⊙直线命令(L)。

⊙偏移命令(O)。

⊙修剪命令(TR)。

(2)绘制内外墙。使用命令如下：

⊙多线命令(ML)。

⊙对正(J)/中对正(Z)/比例(S)(内墙 120 或外墙 240)。

⊙分解命令(X)。

⊙修剪命令(TR)。

(3)绘制门窗。使用命令如下：

⊙修剪命令(TR)。

⊙延伸命令(EX)。

(4)插入门窗图块。

(5)文字、尺寸标注。

(6)绘制或插入家具图例。

(7)插入图框。

(8)绘制图名、图线及比例。

2.8.2 绘制平面布置图

本例绘制图 2-42 所示的平面布置图。

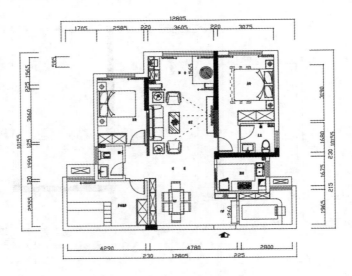

图 2-42 平面布置图

在原有户型平面图基础上布置家具。步骤(或命令)如下：

(1)打开平面图库调入家具图例。

(2)调整家具大小：缩放(SC)。

(3)分解家具块：分解(X)。

2.8.3 绘制地面铺装图

本例绘制图 2-43 所示的地面铺装图。

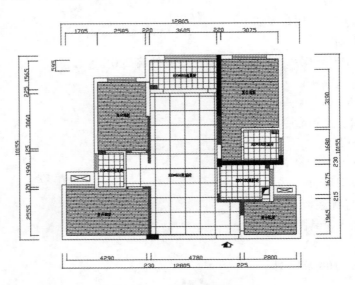

图 2-43 地面铺装图

在原有户型平面图基础上表示地面材质。步骤(或命令)如下：

(1)铺设地面材质：H(填充)。

(2)撰写材料说明。

2.8.4　绘制天花布置图

本例绘制图 2-44 所示的天花布置图。

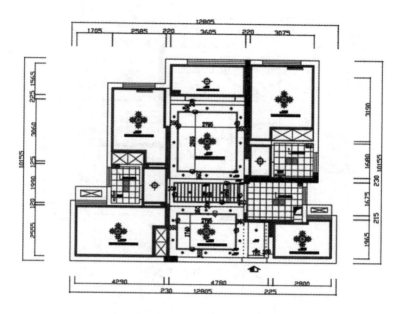

图 2-44　天花布置图

在原有户型平面图基础上绘制天花，布置灯具。步骤(或命令)如下：

(1)绘制天花造型：PL(多段线)。

(2)调入灯具图例。

(3)调整灯具大小：缩放(SC)。

(4)分解灯具图例：分解(X)。

(5)撰写材料说明。

设置绘图环境　　　　天花图墙体绘制　　　　天花图门的绘制

天花图吊顶绘制　　　　插入灯具图例　　　　天花图标高绘制

2.8.5　绘制开关布置图

本例绘制图 2-45 所示的开关布置图。

在天花布置图基础上布置开关面板。步骤(或命令)如下：

(1)打开家具图库调入开关图例。

(2)调整开关大小：缩放(SC)。

(3)分解开关图例：分解(X)。

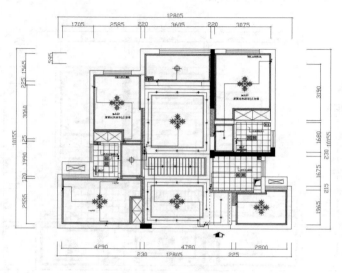

图 2-45　开关布置图

2.8.6　绘制强弱电布置图

本例绘制图 2-46 和图 2-47 所示的强电布置图和弱电布置图。

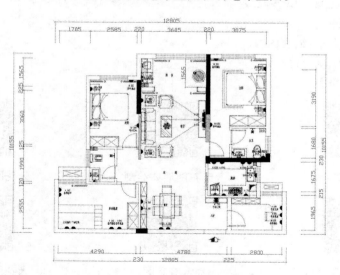

图 2-46　强电布置图

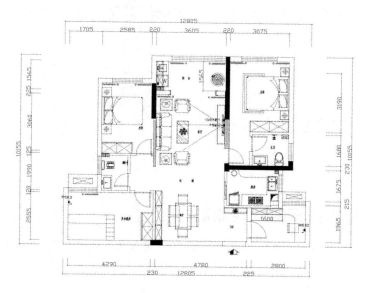

图 2-47 弱电布置图

在平面布置图基础上绘制强弱电布置。步骤(或命令)如下:

(1)调入强弱电图例。

(2)调整强弱电图例大小:缩放(SC)。

(3)分解强弱电图例:分解(X)。

(4)撰写文字说明。

2.8.7 绘制冷热水布置图

本例绘制图 2-48 所示的冷热水布置图。

Ⓡ 热水布置
Ⓟ 冷水布置

图 2-48 冷热水布置图

在平面布置图基础上绘制冷热水布置线,需使用快捷命令 L(线性绘制)。

2.9   绘制装饰立面图

2.9.1   装饰立面图的绘制顺序

绘制顺序:绘制室内轮廓线—绘制门窗洞口—调入家具立面图例—绘制其他室内家具立面细部构造—标注标高、首尾轴线及图名、比例等。

2.9.2   绘制装饰立面图步骤

本例绘制图 2-49 所示的装饰立面图。

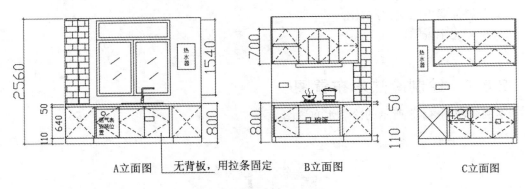

图 2-49   装饰立面图

绘制步骤:

(1)绘制室内楼板、室内预留地面完成面、剖到的墙体、梁的位置及大小。

(2)绘制室内天花吊顶线。

(3)绘制墙面完成面、墙面转折线、墙面造型线等。

(4)绘制踢脚线。

(5)绘制墙面材质分割线。

(6)添加活动家具(虚线表达)。

(7)添加机电点位。

2.10　绘制装饰详图

2.10.1　装饰详图概述

装饰详图指局部详细图样,由大样图、节点图(见图 2-50)和剖面图三部分组成。

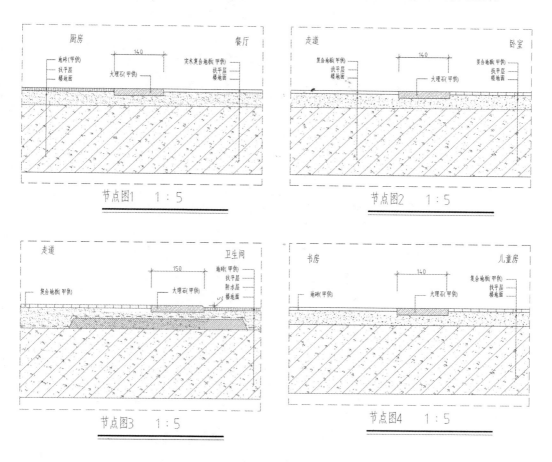

图 2-50　节点图

2.10.2　装饰详图的画法步骤

(1)根据绘制对象的尺寸确定比例,画出地面、楼板或墙面等基层结构部分轮廓线。

(2)根据构造层次与材料的规格或构造厚度,依次由里至外绘制地面装饰构造分层图线,图线应能表达出由建筑构件至饰面层的构造层次或材料的连接固定关系。

(3)根据不同材料的图例使用规范,绘制建筑构件、断面构造层及饰面层的材料图例。

(4)绘制详细的施工尺寸标注、详图符号,工整书写详图名称、比例以及注明材料与施工所需的文字说明。

(5)描粗、整理图线。建筑构件的梁、板、墙轮廓线用粗实线表示,装饰构造分层剖切轮廓线用中实线表示,其他图线用细实线表示。

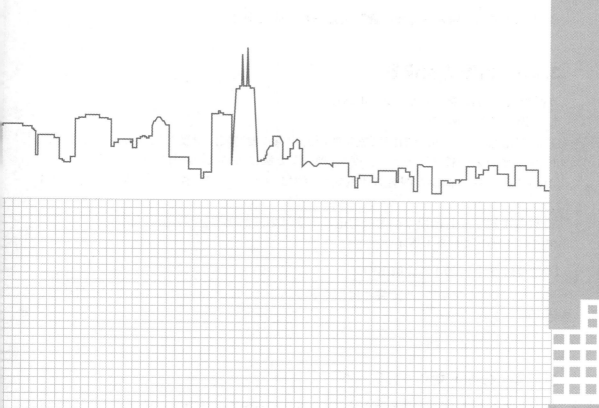

情景 3

施工图强化

SHIGONGTU QIANGHUA

3.1　CAD 图形的输入与输出

3.1.1　CAD 文件在其他软件中的转换、调用

1. CAD — Photoshop、Word、PowerPoint

直接在 CAD 图形文件中点击"文件—输出",出现一个对话框,写入文件名,选择文件类型为位图(.bmp)。

2. CAD — 3ds Max

直接在 CAD 图形文件中点击"文件—输出",出现一个对话框,写入文件名,选择文件类型为 3D 图像格式(.3ds)。

3.1.2　CAD 图形文件中调用图片

调用步骤:选择"插入—光栅图像",选择图片并确定即可。

3.1.3　出图比例设置

当图纸完工之后,需要设置 CAD 出图比例。

CAD 涉及三种比例。

(1)绘图比例——也叫画图比例,就是所画的线条长度与实际长度的比例关系。当比例为 1：1 时,就是画出来的长度等于实际长度,这种画图方法也就是我们通常所说的 1：1 画图法。

(2)图纸比例——标注在图名旁边的比例,例如"1：100"表示图上 1 毫米代表实际 100 毫米。

(3)打印比例——打印出来的图纸与电脑原图纸之间的比例,也就是出图比例。

相关设置界面如图 3-1 所示。

【例】要求按 1：100 的比例出图。

先按 1：1 的比例画图,然后将打印比例调整为 1：100;亦可以按 1：100 的比例绘图,然后打印时按 1：1 出图。

3.1.4　CAD 文件打印

创立完图形之后,通常要打印到纸上,也可以生成一份电子图纸,以便从互联网上进行访问。打印的图纸可以包含所绘图形的单一视图,也可以是更为复杂的视图排列。根据不同的

需要,可以打印一个或多个视口,或设置选项以决定打印的内容和图像在图纸上的布置。

在打印输出图形之前可以预览输出结果,以检查设置是否正确,例如,图形是否都在有效输出区域内等。选择"文件—打印—打印预览"命令(或输入命令 PREVIEW),或在"标准"工具栏中单击"打印预览"按钮,可以预览输出结果,如图3-2所示。

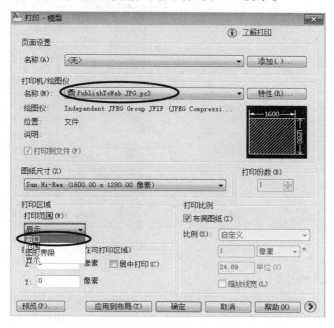

图 3-1　出图比例设置界面

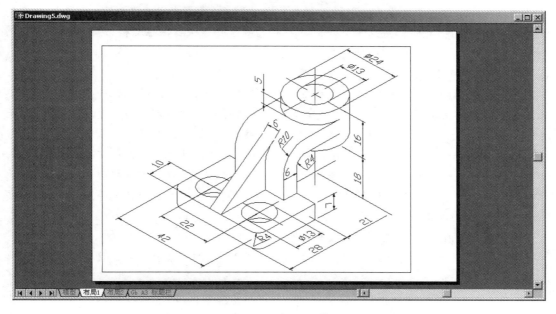

图 3-2　打印预览

在 AutoCAD 中,可以使用"打印"对话框打印图形。在绘图窗口中选择一个布局选项卡后,选择"文件—打印"命令可翻开打印对话框,如图3-3所示。

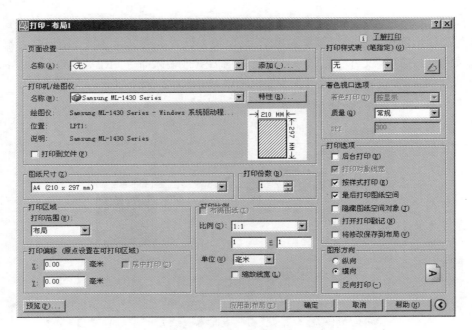

图 3-3　打印对话框

问：CAD 如何批量打印？

答：使用 CAD 可能会遇到需要一次打印很多图纸的时候,实现快速批量打印的具体步骤如下:点击"文件",然后选择需要批量打印的图纸文件,点击"打开"。对每个需要打印的文件均执行以下操作:点击"文件—打印",设置打印机,打印区域设为"应用到布局",然后点击"取消"。在命令行中输入 PUBLISH 命令后按空格或回车键,或者点击"文件—发布",对各项参数根据实际需要调整,然后点击"发布"。根据需要选择是否要保存文档,然后点击"确定",等 CAD 后台数据处理结束之后,即可自动批量打印文档。

问：怎样打印 CAD 图纸？

答：在 CAD 绘完图后,有时候会需要打印出纸质版图纸,应对图纸进行一系列的设置,然后再打印出来。点击"打印",进入打印模型窗口—选择对应的打印机—在"图纸尺寸"一栏选中需要打印的图纸类型,一般是选择 A4 纸—在"打印区域"点击"窗口"或者点击"打印范围"以选中图纸—勾选"居中打印",这样打印出来的图形才位于图纸中间—勾选"布满图纸",然后选择好图纸所显示的单位,如毫米或英尺—在"图形方向"区域选择横纵向,此选择取决于图纸的规格大小—点击"确定"按钮。如果不确定图纸方向,可以点击左下角的"预览"按钮进行查看,查看完图纸以后,直接点击鼠标右键选择"打印"即可。

问：CAD 如何让打印过的区域出现黑色？

答：在 CAD 中画出来的图形里面的图案都有不少颜色,想要让打印过的区域显示黑色,具体操作如下:

打开 CAD—点击菜单栏中的"打印"—在打印对话框右上角的"打印样式表"(见图 3-4)中点击"新建—下一步",输入文件名—点击"下一步"—选择"打印样式表编辑器—格式视图 / 打印样式"—选取所有颜色,在特性中选择黑色(在"打印样式"列表中选择一个打印样式;把要换为黑色的颜色右侧的特性改为黑色)—保存并关闭。

问：CAD 如何导入位图？

答：点击菜单栏"插入—光栅图像参照"，在弹出的对话框中浏览到需要导入的位图照片，然后点击"打开"即可。或者在菜单栏点击"插入—外部参照"，在弹出的对话框中选择"附着图像"，然后选择要打开的图像并确定。

问：CAD文件如何导出为图片文件？

答：编辑好CAD文件后，点击"打印"按钮会弹出一个打印对话框，将打印机设置为JPG打印机（见图3-5），然后设置图纸尺寸（图纸尺寸选择越大，导出的图片越清晰），"打印范围"处选择"窗口"，选择要打印的范围，点击"确定"后选择"保存"，就可以得到一张清晰的.jpg格式图片了。

图3-4　点击"打印样式表"处"新建"

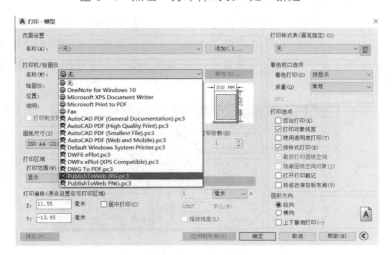

图3-5　选择JPG打印机

问:如何将CAD图形的PDF文件转换为.dwg文件?

答:首先,必须保证所需要转换成.dwg格式的PDF文件里面的图形是矢量图;接着需要借助一些工具。工具一:平面矢量图形编辑软件,例如Illustrator等。使用平面矢量图形编辑软件打开PDF文件,导出保存为.dwg格式文件。工具二:专用文件转换工具,例如PDF2DXF\PDF2CAD\PDFGrabber\PDF FLY\DWG PDF to DWG Converter\Able2Extract,选择需要转换的文件,将输出格式设置为.dwg即可。借助以上两种工具中的任意一种即可实现将PDF文件转换为.dwg格式文件。当然,最好还是保存好原来绘图时的.dwg文件以减少不必要的麻烦。

问:如何将CAD图形复制到Word文档中去?

答:有时需要将某些CAD图形复制到Word文档中去,步骤如下:首先,使用CAD软件打开图纸文件,选择并复制(Ctrl + C)需要拷贝到Word文档中的图形;接着,打开Word,选择"编辑—选择性粘贴",有三种选项可选,分别对应三种不同效果,可根据实际需要自行选择。

问:CAD中如何插入光栅图像?

答:首先打开CAD软件,点击"插入—光栅图像参照",弹出"选择参照文件"对话框,找到需要插入的图像,点击"打开";进行各种个性化的设置,如指定插入的比例、旋转的角度等,选择完毕,点击"确定"返回到绘图界面,指定插入点插入图片。由于插入的图可能显示得太小,可以将它放大。点击这个图片,然后点击鼠标右键,点击"缩放",也可以点击"修改"菜单栏的"缩放"。先指定缩放的"基点"。点击想选择的基点,输入缩放比例,然后按回车键,返回到绘图界面,可看到图片已经更改了大小。如果大小不适合,继续缩放即可。

问:如何将CAD中的光栅图像(图片)裁剪或者设置为透明?

答:由于光栅图像自身是矩形的,而实际需要将部分图像裁剪或者设置为透明,那么需要先确定好裁剪边界,接着使用裁剪命令IMAGECLIP或者在菜单栏选择"修改—裁剪—图像",按提示操作即可。由于图像裁剪只支持多边形边界,因此需要使用圆形或椭圆形边界需要借助多段线绘制。倘若图像边界很复杂,那么直接将其设置透明更加简便。将图片保存为带透明区域或通道的PNG\TGA\TIF文件,插入图像后,将图像属性设置为透明。需要注意的是,该操作下矩形框依然显示,要想不显示边框,那么需要选择"修改—对象—图像—边框",将IMAGEFRAME的值设置为0。

问:遇到图形中存在未协调的新图层怎么办?

答:打印CAD图纸有时候会遇到提示说"图形中存在未协调的新图层"(见图3-6),所谓的未协调图层就是指已添加到图形但是用户尚未确认并手动标记为已协调图层的新图层。将未协调图层修改确定为协调图层的具体操作步骤如下:选中未协调图层,在图层上右键单击,选择"协调图层"。

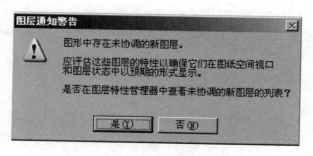

图3-6　打印提示

3.2　CAD 布局

3.2.1　CAD 布局视口定义

CAD 布局中涉及比较多的参数,比如比例、图形的范围、窗口等,这些参数的概念都需要了解才能在新建布局的时候合理应用,使创建出来的布局更方便绘图和打印。CAD 布局是一个重要的排版工具,在布局中可以设置图形的不同比例进行排版,也可以对模型中的图形进行修改。

模型定义布局视口,可以在命令行输入命令:M2LVPORT。

CAD 布局功能简介:从模型空间来确定视口显示的图形范围,然后根据设置的比例来计算视口大小并在布局空间定位视口。运用这种方法可以快速创建视口并准确设置视口中显示的图形范围。可以在模型 / 布局标签的右键菜单中快速调用"从模型定义视口"命令,如图 3-7所示。

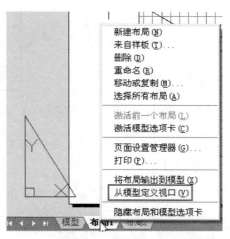

图 3-7　右键菜单快速调用命令

3.2.2　CAD 布局操作

执行"从模型定义视口"命令后,将打开"从模型空间定义布局视口"对话框,我们可以设置图形范围和比例,如图 3-8 所示。

⊙比例列表:显示的是默认的比例列表 SCALELIST 中的比例,用户可以直接从这个列表中选择一个比例作为视口比例。

⊙视口比例:创建视口使用的比例。可以从上方列表中直接选取,也可以直接输入自定义的比例。

⊙图形范围:提供了四个选项,分别是窗口、范围、显示和图形界限,默认的是窗口,与打印对话框的图形范围类似。

窗口:若当前空间不是模型空间,则会自动切换到模型空间,指定两个角点来定义窗口的大小。

范围:直接取模型空间中图形的整体范围。

显示:"模型"选项卡当前视口中显示的视图。

图形界限:图形界限命令LIMITS设置的范围。

当获取的范围错误时,不创建视口,提示"获取创建视口的范围失败"。

如果在模型空间执行定义布局视口命令,在设置比例和范围后,会提示选择要创建视口的布局,如图3-9所示。

指定视口插入点、确定布局后,会自动切换到选择的布局。用户可输入坐标或在图形窗口中单击确定视口位置。用户确定位置后,在指定位置生成计算得出的视口,视口的显示锁定打开。

图3-8　"从模型空间定义布局视口"对话框　　图3-9　提示选择要创建视口的布局

3.2.3　布局与看图打印

(1)打开CAD软件已创建好的图形文件(见图3-10),左下角有默认的"模型"与"布局"两个选项(见图3-11)。

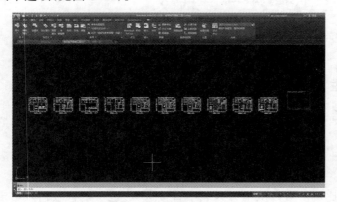

图3-10　打开图形文件　　　　　图3-11　"模型"与"布局"选项

(2)单击进入布局状态,删除图形,并在左侧工具栏中选择"插入图框",使用缩放命令(SC)调整至合理位置。

①进入布局状态,如图3-12所示。

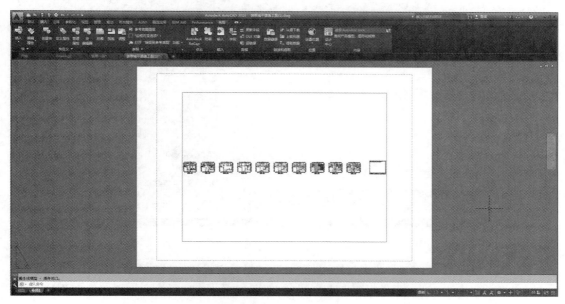

图3-12　进入布局状态

②删除图形,如图3-13所示。

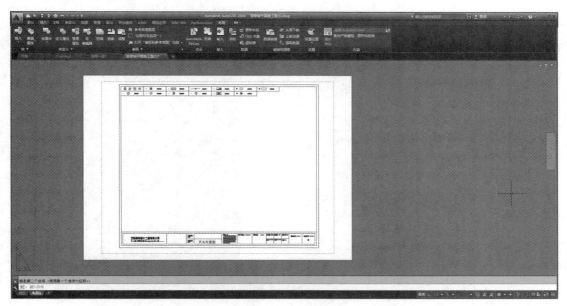

图3-13　删除图形

③插入图框,调整位置。

(3)在布局图框中输入快捷命令MV,根据提示,创建一个视口,与图框大小一致。视口创建成功后便会显示模型中的CAD图形,如图3-14所示。

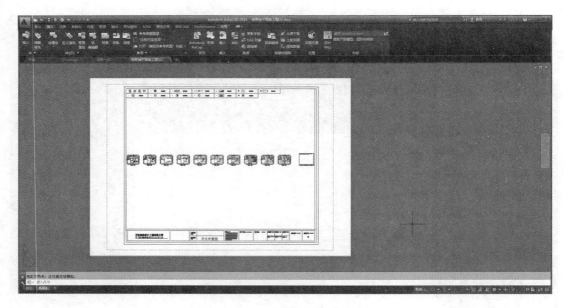

图 3-14   视口创建成功

（4）使用快捷键"Ctrl+1"调出参数工具栏，在这里可以设置视口的比例。双击布局视图里面，就可以调整图纸大小，使之与图框大小契合，如图 3-15 所示。双击布局视图外面灰色部分，就可以锁定视图，进行图框调整。

（5）结合布局，打印出图。

注：在双击视口进入模型后，如果对图形进行编辑，则模型中的图形也会跟着变化，所以要慎重。

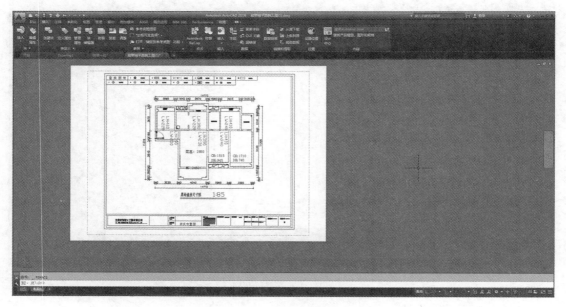

图 3-15   视口比例调整

问：如何在布局里画图？

答：布局一般都是用来打印或发布的，很少有人会在布局里画图。然而，布局画图具有其

独特的优势,例如修改图纸后可以一键出图;在表达相同内容时,布局图可以做到使文件最小,等等。在布局里画图的步骤如下:

进入新布局—跳过打印设置—删除默认视口—粘贴一个1:1的图框进来—新建视口图层并设置该图层不能打印—在视口图层使用命令 MV 新建视口,并拉出一个框,调整大小—双击视口内部进入视口,全图缩放找到图纸—定义视口比例—调整图纸内容—定义打印图框、打印比例—画图。

问:CAD 如何将布局中的图形导入模型中?

答:每个人的工作习惯是不同的,有些人习惯在模型中建模,有些人习惯在布局中建模。对于习惯在模型中作图的用户来说,布局中修改文件不方便,那么需要转换,具体操作步骤如下:打开要转换的 CAD 文件,界面中有两个标示,一个是模型,一个是布局—将箭头放置在布局文件上,点击鼠标右键,选择将布局输出到模型—选择要保存到的目录—保存完成后,文件提示是否现在打开(根据个人需要),此处选择打开—打开后可以选择一处内容查看,测量尺寸,由于导出后的文件一般比较小,因此需要根据测量的尺寸进行缩放—由于缩放后的图纸标注文件偏小并且数据不对,因此需要稍微调整修改。

3.3　测量面积

当我们在使用 CAD 软件绘制图纸时,我们经常需要计算图形对象的面积、长度等并在图纸中标注出来,这样在查看的时候会比较方便。

对于简单图形,如矩形、三角形,只需执行命令 AREA(可以是命令行输入或点击对应命令图标),在命令行提示 "指定第一个角点或 [对象(O)/ 增加面积(A)/ 减少面积(S)]< 对象(O)>:" 后,打开捕捉依次选取矩形或三角形各交点,按回车键,AutoCAD 将自动计算面积、周长,并将结果列于命令行。对于简单图形,如圆或其他多段线、样条线组成的二维封闭图形,执行命令 AREA,在命令行提示 "指定第一个角点或 [对象(O)/ 增加面积(A)/ 减少面积(S)]< 对象(O)>:" 后,选择 "对象" 选项,根据提示选择要计算的图形,AutoCAD 将自动计算面积、周长。在菜单栏点击 "工具—查询—面积",依次拾取图形的每个端点,在点完最后一个端点后按回车键,面积就算出来了。

【例】绘制一个 20×20 的正方形,测量其面积。

(1)用矩形命令绘制一个边长为 20 的正方形,如图 3-16 所示。

(2)点击工具栏上 "测量" 按钮,如图 3-17 所示。

(3)在 "测量" 下拉菜单中选择 "面积",如图 3-18 所示。

(4)依次选择正方形的四个点,然后按回车键,系统给我们计算出了该正方形的面积,如图 3-19 所示。

图 3-16 绘制正方形

图 3-17 "测量"按钮

图 3-18 选择"面积"

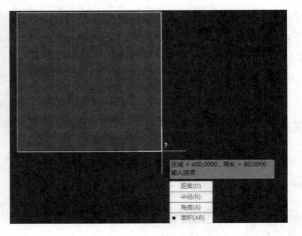

图 3-19 得到面积

利用 CAD 对一个复杂、不规则的图形进行测量,也很实用,如图 3-20 所示。

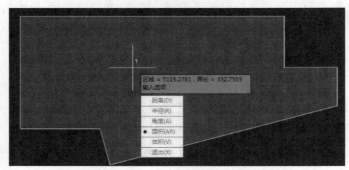

图 3-20 对不规则图形进行面积、周长测量

3.4　面域测量面积

面域是使用形成闭合环的对象创建的二维闭合区域。环可以是直线、多段线、圆、圆弧、椭圆、椭圆弧和样条曲线的组合。组成环的对象必须闭合或通过与其他对象共享端点而形成闭合的区域。对于由简单直线、圆弧组成的复杂封闭图形，不能直接执行 AREA 命令计算图形面积，可以采用面域的方法计算面积。先使用 BOUNDARY 命令，以要计算面积的图形创建一个面域或多段线对象，再执行命令 AREA，在命令行提示"指定第一个角点或 [对象(O)/ 增加面积(A)/ 减少面积(S)]< 对象(O)>："后，选择"对象"选项，根据提示选择刚刚建立的面域图形，AutoCAD 将自动计算面积、周长。

一般情况下，可以利用三个命令来创建面域。

（1）利用 REGION（面域）命令创建面域；

（2）利用 BOUNDARY（边界）命令创建面域；

（3）利用 BHATCH（图案填充）命令创建面域。

具体操作步骤如下：

第一步：点击菜单栏中"绘图—面域"。

第二步：选择要做面域的封闭的二维图形，可以框选，也可以一条线一条线地选，选择完毕，按回车键确定，之后在左下角会显示成功创建一个面域。

第三步：面域创建成功后，进行面积的测量。还可以进行三维制作等。

【例】用面域方式测量图 3-21 所示的复杂图形的面积。

（1）找到"绘图"下的"面域"命令，如图 3-22 所示。

（2）将该图形设置为"面域"。创建面域后，对象为一个整体，可以进行面域的相关操作。选中面域，点击鼠标右键，然后在弹出来的功能选择中点击"特性"，如图 3-23 所示。

这时，就可以查询到刚才创建的面域的面积了。

图 3-21　复杂图形

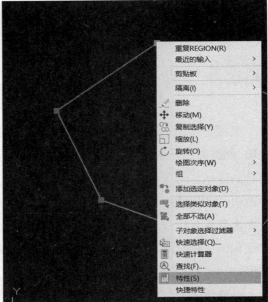

图 3-22　"面域"命令　　　　　　　　图 3-23　选择"特性"

问：CAD 如何在图纸中插入自动更新区域面积的文本？

答：以图 3-24 为例，我们要对图片中的这个矩形标注可以随之变化的文本。步骤如下：

步骤一：点击"插入"菜单下的"字段"命令，打开"字段"对话框，在"字段类别"中选择"对象"，在"字段名称"中选择"对象"，并点击拾取按钮。

步骤二：按照图 3-25 拾取矩形。

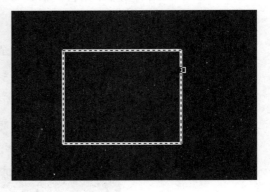

图 3-24　矩形　　　　　　　　　　　图 3-25　拾取矩形

步骤三：在"特性"列表中选择"面积"。

步骤四：在"格式"选项中设置数值显示精确度。这里给数值增加了前缀和后缀，大家可以在预览中看到显示效果。

显示效果如图 3-26 所示。

当我们将面积区域做调整时，大家会发现，面积值并没有变化（见图 3-27），此时需选择要更新的字段，在"工具"菜单下选择"更新字段"，就可以快速更新字段了。

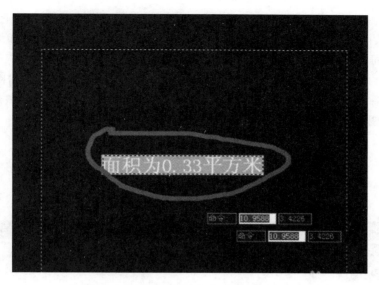

图 3-26　标注的可变文本的显示效果

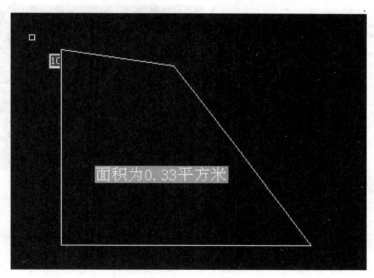

图 3-27　面积值没有变化

3.5　绘制三维图形

在工程设计和绘图过程中,三维图形应用越来越广泛。AutoCAD 可以利用 3 种方式来创立三维图形,即线架模型方式、曲面模型方式和实体模型方式。线架模型为一种轮廓模型,它由三维的直线和曲线组成,没有面和体的特征。曲面模型用面描述三维对象,它不仅定义了三维对象的边界,而且还定义了外表,即具有面的特征。实体模型不仅具有线和面的特征,而且还具有体的特征,各实体对象间可以进行各种布尔运算操作,从而创立复杂的三维实体图形。

将单个视口变成四个视口的方法如下:"视口"工具栏(见图3-28)中点击  显示"视口"对话框(见图3-29),选四个相等视图,改为三维,左上角为俯视图,右上角为主视图(前视图),左下角为左视图,右下角为指定方向等轴测图。

图 3-28　"视口"工具栏

图 3-29　"视口"对话框

3.5.1　绘制三维点和线

选择"绘图—点"命令,或在"绘图"工具栏中单击"点"按钮,然后在命令行中直接输入三维坐标即可绘制三维点。由于三维图形对象上的一些特殊点,如交点、中点等,不能通过输入坐标的方法来实现,可以采用三维坐标下的目标捕捉法来拾取点。在三维空间中指定两个点后,如点(0,0,0)和点(1,1,1),这两个点之间的连线即是一条 3D 直线。

同样,在三维坐标系下,使用"样条曲线"命令,可以绘制复杂 3D 样条曲线,这时定义样条曲线的点不是共面点。

在二维坐标系下,使用"绘图—多段线"命令绘制多段线,尽管各线条可以设置宽度和厚度,但它们必须共面。三维多段线的绘制过程和二维多段线基本相同,但其使用的命令不同,另外在三维多段线中只有直线段,没有圆弧段。选择"绘图—三维多段线"命令(3DPOLY),此时命令行提示依次输入不同的三维空间点,以得到一个三维多段线。

3.5.2　绘制三维曲面

在 AutoCAD 中,不仅可以绘制球面、圆锥面、圆柱面等基本三维曲面,还可以绘制旋转曲面、平移曲面、直纹曲面和边界曲面。使用"绘图—曲面"子菜单中的命令(见图 3-30)或"曲面"工具栏(见图 3-31)可以绘制这些曲面。

图 3-30　"曲面"子菜单中的命令　　　　图 3-31　"曲面"工具栏

选择"绘图—曲面—三维曲面"命令,利用翻开的"三维对象"对话框(见图 3-32),可以绘制大局部三维曲面,如长方体外表、棱锥面、楔体外表及球面等。

选择"绘图—曲面—三维面"命令(3DFACE),可以绘制三维面,如图 3-33 所示。三维面是三维空间的外表,它没有厚度,也没有质量属性。由"三维面"命令创立的每个面的各顶点可以有不同的 Z 坐标,但构成各个面的顶点数不能超过 4 个。

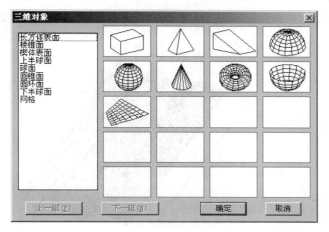

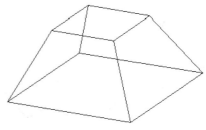

图 3-32　"三维对象"对话框　　　　　　图 3-33　三维面

选择"绘图—曲面—三维网格"命令(3DMESH),可以根据指定的 M 行 N 列个顶点和每一顶点的位置生成三维空间多边形网格。M 和 N 的最小值为 2,说明定义多边形网格至少要 4 个点;其最大值为 256。绘制三维网格示例如图 3-34 所示。

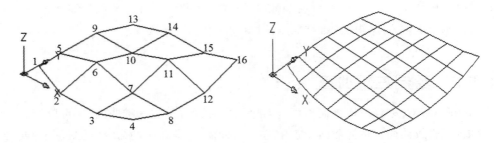

图 3-34　绘制三维网格

选择"绘图—曲面—旋转曲面"命令(REVSURF),可以将曲线绕旋转轴旋转一定的角度,形成旋转曲面,如图 3-35 所示。

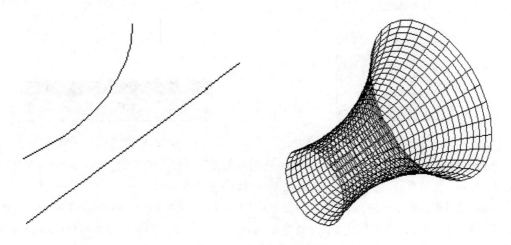

图 3-35　绘制旋转曲面

选择"绘图—曲面—平移曲面"命令(TABSURF),可以将路径曲线沿方向矢量进行平移后构成平移曲面,如图 3-36 所示。

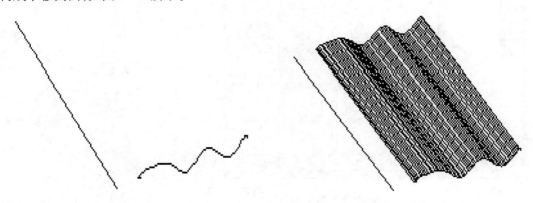

图 3-36　绘制平移曲面

选择"绘图—曲面—直纹曲面"命令(RULESURF),可以在两条曲线之间用直线连接从而形成直纹曲面,如图 3-37 所示。

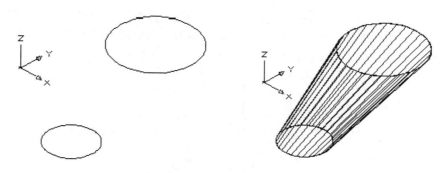

图 3-37　绘制直纹曲面

选择"绘图—曲面—边界曲面"命令(EDGESURF),可以使用 4 条首尾连接的边创立三维多边形网格,如图 3-38 所示。

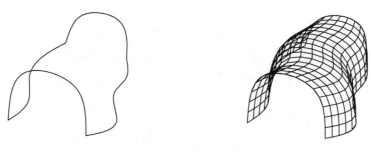

图 3-38　绘制边界曲面

3.5.3　绘制基本实体

在 AutoCAD 中,使用"绘图—实体"子菜单中的命令(见图 3-39),或使用"实体"工具栏(见图 3-40),可以绘制长方体、球体、圆柱体、圆锥体、楔体及圆环体等基本实体模型。

图 3-39　"实体"子菜单中的命令

图 3-40　"实体"工具栏

(1)选择"绘图—实体—长方体"命令(BOX),或在"实体"工具栏中单击"长方体"按钮,都可以绘制长方体,此时命令行显示提示"指定第一个角点或 [中心(C)]:"。

在长方体创立时,其底面应与当前坐标系的 XY 平面平行,创立方法主要有指定长方体角点和中心两种。

(2)选择"绘图—实体—楔体"命令(WEDGE),或在"实体"工具栏中单击"楔体"按钮,都可以绘制楔体。由于楔体(见图 3-41)是长方体沿对角线切成两半后的结果,因此可以使用与绘制长方体同样的方法来绘制楔体。

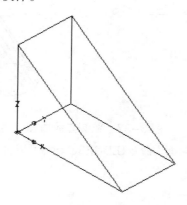

图 3-41   楔体

(3)选择"绘图—实体—圆柱体"命令(CYLINDER),或在"实体"工具栏中单击"圆柱体"按钮,可以绘制圆柱体或椭圆柱体,如图 3-42 所示。

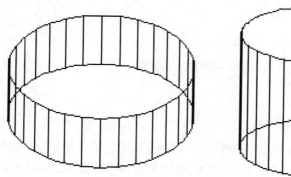

图 3-42   圆柱体或椭圆柱体

(4)选择"绘图—实体—圆锥体"命令(CONE),或在"实体"工具栏中单击"圆锥体"按钮,即可绘制圆锥体或椭圆形锥体,如图 3-43 所示。

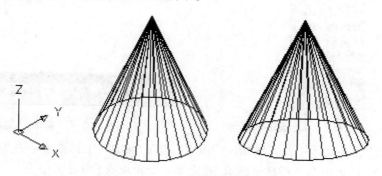

图 3-43   圆锥体或椭圆形锥体

(5)选择"绘图—实体—球体"命令(SPHERE),或在"实体"工具栏中单击"球体"按钮,都可以绘制球体,如图3-44所示。

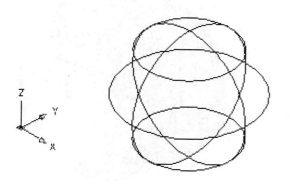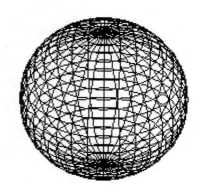

图3-44　绘制球体

(6)选择"绘图—实体—圆环体"命令(TORUS),或在"实体"工具栏中单击"圆环体"按钮,都可以绘制圆环实体,此时需要指定圆环的中心位置、圆环的半径或直径及圆管的半径或直径。

3.5.4　通过二维图形创立实体

在AutoCAD中,选择"绘图—实体—拉伸"命令(EXTRUDE),可以将2D对象沿Z轴或某个方向拉伸成实体,如图3-45所示。拉伸对象被称为断面,可以是任何2D封闭多段线、圆、椭圆、封闭样条曲线和面域,多段线对象的顶点数不能超过500个且不少于3个。

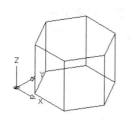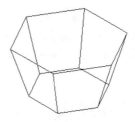

拉伸倾斜角为0°　　　　拉伸倾斜角为15°　　　　拉伸倾斜角度为 -10°

图3-45　拉伸对象创立实体

对二维线进行拉伸的方法:

(1)在命令行中输入快捷命令EXT。

(2)指定位伸的对象和高度。

(3)指定拉伸的倾斜角度。

(4)确定。

使用"绘图—实体—旋转"命令,将二维对象绕某一轴旋转生成实体,如图3-46所示。用于旋转的二维对象可以是封闭多段线、多边形、圆、椭圆、封闭样条曲线、圆环及封闭区域,而且每次只能旋转一个对象。三维对象、包含在块中的对象、有交叉或自干预的多段线不能被旋转。

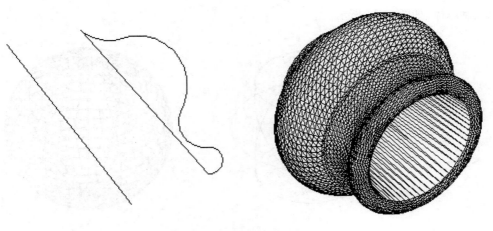

图 3-46   旋转对象创立实体

练一练：

完成电脑桌的设计绘制。

3.6   观察三维图形

在 AutoCAD 中，使用"视图"菜单下的"缩放"和"平移"子菜单中的命令可以缩放或平移三维图形，以观察图形的整体或局部。其方法与观察平面图形的方法相同。此外，还可以通过旋转、消隐及着色等方法来观察三维图形。

3.6.1   消隐图形

在绘制三维曲面及实体时，为了更好地观察效果，可选择"视图"菜单下的"消隐"命令 (HIDE)，暂时隐藏位于实体背后而被遮挡的局部，如图 3-47 所示。

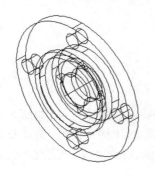
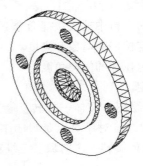

图 3-47   消隐图形

3.6.2　着色图形

在 AutoCAD 中，使用"视图"菜单下的"着色"子菜单中的命令，可生成"二维线框"、"三维线框"、"消隐"、"平面着色"、"体着色"、"带边框平面着色"和"带边框体着色"多种视图。例如，选择"视图—着色—平面着色"命令，以图形的线框颜色着色图形。

利用"着色"工具栏（见图 3-48）可在立体外表涂上单一颜色，还可根据立体面所处方位的不同而表现出对光线折射的差异，如图 3-49 所示。

图 3-48　"着色"工具栏　　　　　　图 3-49　着色图形

（1）二维线框：显示用直线和曲线表示边界的对象。

（2）三维线框：显示用直线和曲线表示边界的对象，这是 UCS 的一个着色的三维图标。

（3）消隐：显示用三维线框表示的对象，同时消隐表示后向面的线。

（4）平面着色：用于在多边形面之间着色对象，但平面着色的对象不如体着色的对象那样细致、光滑，如图 3-50 和图 3-51 所示。

（5）体着色：用于对多边形平面之间的对象进行着色，并使其边缘平滑，给对象一个光滑、具有真实感的外观。

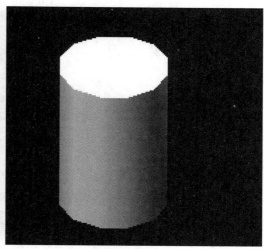

图 3-50　平面着色　　　　　　　　图 3-51　体着色

(6)带边框平面着色:合并平面着色和线框选项,如图 3-52 所示。

(7)带边框体着色:合并体着色和线框选项,如图 3-53 所示。

图 3-52　带边框平面着色

图 3-53　带边框体着色

下面我们介绍"三维动态观察器"工具栏(见图 3-54)和"三维连续观察器"命令。

(1)选择"视图"菜单下"三维动态观察器"命令(3DORBIT)或单击"三维动态观察器"工具栏中的按钮  ,可通过单击和拖动的方式,在三维空间动态观察对象。光标移动时,其形状也将随之改变,以指示视图的旋转方向,如图 3-55 所示。

图 3-54　"三维动态观察器"工具栏

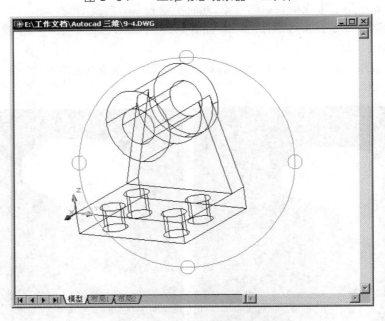
图 3-55　三维动态观察对象

(2)单击"三维动态观察器"工具栏中的三维连续观察按钮 ,鼠标拖动的方向就是旋转的方向,鼠标拖动的快与慢就是模型旋转速度的快与慢。

3.7 三维实体的编辑

3.7.1 三维实体的布尔运算

在 AutoCAD 中,可以通过对三维实体进行并集、差集、交集布尔运算来创立复杂实体。

并集运算:将两个实体所占的全部空间作为新物体。

差集运算:将 A 物体在 B 物体上所占空间局部去除,形成新物体($A-B$,也可反之形成 $B-A$)。

交集运算:将两个实体的公共部分作为新物体。

1. 并集运算

选择"修改—实体编辑—并集"命令(UNION),或在"实体编辑"工具栏(见图 3-56)中单击"并集"按钮,可以实现并集运算,如图 3-57 所示。

图 3-56　"实体编辑"工具栏

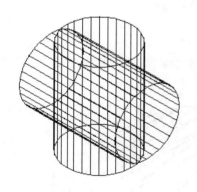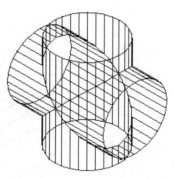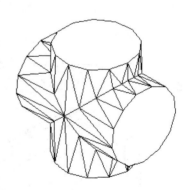

图 3-57　并集运算

使用并集的具体步骤:

(1)从"修改"菜单中选择"实体编辑—并集"或单击"实体编辑"工具栏中的按钮◎◎。

(2)为并集选择一个面域。

(3)选择另一个面域。可以按任何顺序选择要合并的面域。

(4)选择面域,或按 Enter 键结束命令。

2. 差集运算

选择"修改—实体编辑—差集"命令(SUBTRACT),或在"实体编辑"工具栏中单击"差集"按钮,可以实现差集运算,如图 3-58 所示。

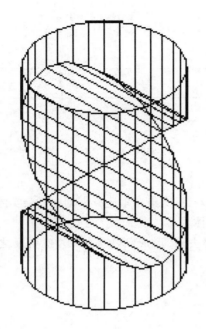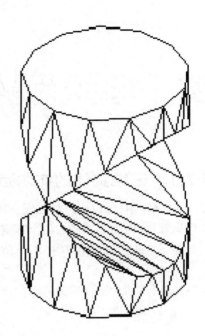

图 3-58　差集运算

使用差集的具体步骤：

(1)从"修改"菜单中选择"实体编辑—差集"或单击"实体编辑"工具栏中的按钮⬭。

(2)选择一个或多个要从其中减去的面域,然后按 Enter 键。

(3)选择要减去的面域,然后按 Enter 键。

确定后将从第一个面域的面积中减去所选定的第二个面域的面积。

3. 交集运算

选择"修改—实体编辑—交集"命令(INTERSECT),或在"实体编辑"工具栏中单击"交集"按钮,可以实现交集运算,如图 3-59 所示。

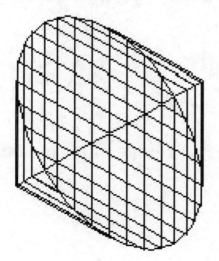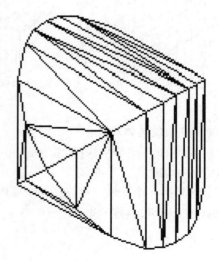

图 3-59　交集运算

使用交集的具体步骤：

（1）从"修改"菜单中选择"实体编辑—交集"或单击"实体编辑"工具栏中的按钮⑩。

（2）选择一个相交面域。

（3）选择另一个相交面域。可以按任何顺序选择面域来查找它们的交点。

（4）选择面域，或按 Enter 键结束命令。

"实体编辑"工具栏中其他工具的含义：

拉伸面：将选定的三维实体对象的面拉伸到指定的高度或沿一路径拉伸。一次可以选择多个面。

移动面：沿指定的高度或距离移动选定的三维实体对象的面。一次可以选择多个面。

偏移面：按指定的距离或通过指定的点，将面均匀地偏移。正值增大实体尺寸或体积，负值减小实体尺寸或体积。

删除面：从选择集中删除先前选择的面。

旋转面：绕指定的轴旋转一个面、多个面或实体的某些局部。旋转角度为从当前位置起，使对象绕选定的轴旋转指定的角度。

倾斜面：按一个角度将面进行倾斜。倾斜角度（旋转方向）由选择基点和第二点（沿选定矢量）的顺序决定。

复制面：从三维实体上复制指定的面。

着色面：从三维实体上给指定的面着上指定颜色。

复制边和着色边方法同上。

压印：与物体底面平行。被压印的对象必须与选定对象的一个或多个面相交。压印操作仅限于以下对象：圆弧、圆、直线、二维和三维多段线、椭圆、样条曲线、面域、体及三维实体。文字不能压印。

去除：去除的是压印的物体。

分割：用于布尔运算后的物体。

抽壳：选择三维物体右击确定，然后输入抽壳的数值，用差集布尔运算就能看出抽壳效果。

3.7.2　编辑三维对象

在 AutoCAD 中，选择"修改—三维操作"子菜单中的命令，可以对三维空间中的对象进行阵列、镜像、旋转及对齐操作。

（1）选择"修改—三维操作—三维阵列"命令（3DARRAY），可以在三维空间中使用环形阵列或矩形阵列方式复制对象。

（2）选择"修改—三维操作—三维镜像"命令（MIRROR3D），可以在三维空间中将指定对象相对于某一平面镜像。执行该命令并选择需要进行镜像的对象，然后指定镜像面。镜像面可以通过 3 点确定，也可以是对象、最近定义的面、Z 轴、视图、XY 平面、YZ 平面和 ZX 平面。

（3）选择"修改—三维操作—三维旋转"命令（ROTATE3D），可以使对象绕三维空间中任意轴（X 轴、Y 轴或 Z 轴）、视图、对象或两点旋转，其方法与三维镜像图形的方法相似。

（4）选择"修改—三维操作—对齐"命令（ALIGN），可以对齐对象。对齐对象时需要确定 3 对点，每对点都包括一个源点和一个目的点。第 1 对点定义对象的移动，第 2 对点定义二维或三维变换和对象的旋转，第 3 对点定义对象不明确的三维变换。对齐操作示例见图 3-60。

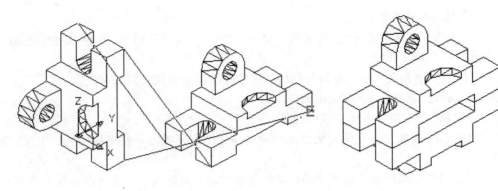

图 3-60   对齐操作示例

练一练：

完成图 3-61 中的模型的制作。

图 3-61   模型制作训练

3.8   渲染工具

3.8.1   渲染场景或指定对象

选择"视图"菜单下的"渲染"命令或单击"渲染"工具栏(见图 3-62)中的按钮 ，翻开"渲染"对话框(见图 3-63),可以对场景或指定对象进行渲染。效果如图 3-64 所示。

图 3-62   "渲染"工具栏

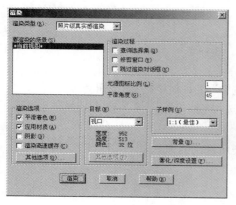

图 3-63　"渲染"对话框

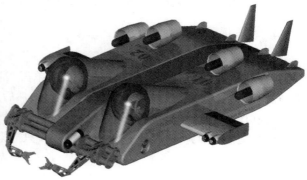

图 3-64　渲染效果

1.渲染场景中模型的步骤

(1)显示模型的三维视图。

(2)选择"视图"菜单下的"渲染"命令或单击"渲染"工具栏中的按钮。

(3)在"渲染"对话框中设置选项或接受默认设置。

在"渲染选项"下选择"平滑着色"来平滑多边形面之间的边。

与"平滑着色"相关的还有"平滑角度",它用于设置 AutoCAD 区别边的角度值。默认的角度设置为45°。小于45°的角将被平滑处理,大于45°的角被看作是边。

在"渲染选项"下选择"其他选项"。然后,在"照片级真实感渲染选项"对话框(见图 3-65)中选择所需的选项。

(4)要将图像渲染到屏幕上,应确认"目标"设置为"渲染窗口"或"视口"。

在渲染图形时,如果在"渲染"对话框的"目标"选项组的下拉列表框中选择"渲染窗口"选项,可以直接在渲染窗口中显示渲染效果,如图 3-66 所示。

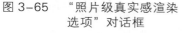

图 3-65　"照片级真实感渲染
选项"对话框

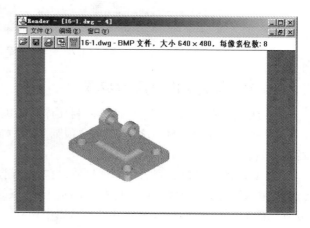

图 3-66　直接显示渲染效果

如果将"目标"设置为"文件",那么图像直接输出到文件,不显示在屏幕上。

(5)选择一个已命名的场景或当前视图。

(6)选择"渲染"。经过一段时间(长短由图形大小决定),AutoCAD 会显示模型的渲染图像。

注:在"目标"设置为"文件"时,输出文件的格式为 .bmp。

2. 渲染选定对象的步骤

(1)显示模型的三维视图。

(2)选择"视图"菜单下的"渲染"命令或单击"渲染"工具栏中的 按钮。

(3)在"渲染"对话框中选择"查询选择集",然后选择"渲染"。

(4)在图形中选择一个或多个对象。

(5)按 Enter 键完成选择。这时,AutoCAD 只渲染所选的对象。

3.8.2　设置渲染材质

在渲染对象时,使用材质可以增强模型的真实感。

在 AutoCAD 中,系统预定义了多种材质,用户可以将它们应用于三维实体模型中。要查看材质库,可在"材质"对话框中单击"材质库"按钮,打开"材质库"对话框,如图 3-67 所示。

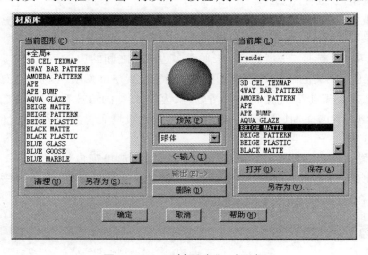

图 3-67　"材质库"对话框

(一)输入或输出材质的步骤

(1)从"视图"菜单中选择"渲染—材质库"或单击"渲染"工具栏中的按钮 。

(2)在输入或输出材质之前,选择"预览"以从样本图像中的小球体或立方体上查看材质的渲染情况。

(3)要向图形的材质列表中添加材质,可在"当前库"下材质库列表中选择一种材质,然后选择"输入"。选择的材质将出现在"当前图形"下的列表中。输入材质可将该材质及其参数复制到图形的材质列表中,材质并不会从库中删除。

(4)要从图形中向材质库输出材质,可在"当前图形"下的列表中选择一种材质,然后选择"输出"。材质将出现在"当前库"下的列表中。

(5)要将当前图形中的材质保存到一个已命名的材质库(MLI)文件中,以便和其他图形一起使用这些材质,可在"当前库"下选择"保存"。

(6)选择"确定"。

（二）调节应用于三维对象的材质的贴图坐标的步骤

(1) 从“视图”菜单中选择“渲染—贴图”或单击“渲染”工具栏中的按钮 。

(2) 选择需应用材质的对象并按 Enter 键。

(3) 在“贴图”对话框的“投影”下，选择与选定对象形状最匹配的投影类型：

⊙平面。

⊙柱面。

⊙球面。

⊙实体。

(4) 选择“调整坐标”。

(5) 在“调整坐标”对话框中，选择所需选项。

(6) 选择“确定”。

3.8.3　为对象指定材质

指定材质的步骤：

(1) 从“视图”菜单中选择“渲染—材质”或单击“渲染”工具栏中的按钮 。

(2) 在“材质”对话框（见图 3-68）中，从列表中选择一种材质，或者选择“选择”以在图形中选择一种已附着到对象上的材质。

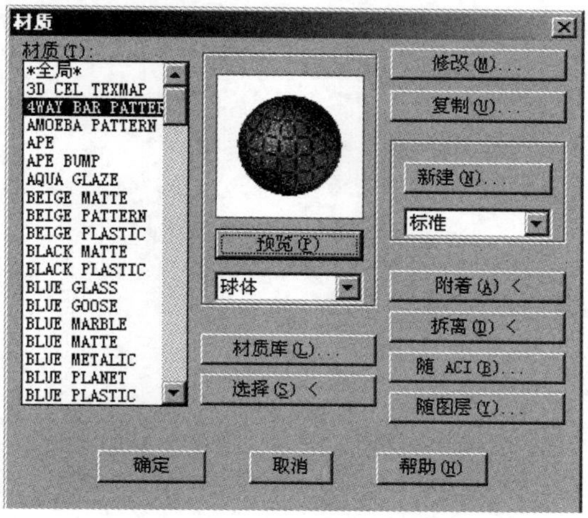

图 3-68　“材质”对话框

(3) 将材质直接应用到对象、具有特定 ACI 编号的所有对象或特定图层上的所有对象。

要将材质直接附着到一个或多个对象上，请选择“附着”。然后选择图形中的对象。

要将材质附着到图形中具有特定 ACI 编号的所有对象上，请选择“随 ACI”。在“根据 AutoCAD 颜色索引附着”对话框中，选择一个 ACI 编号。

要将材质附着到特定图层上的所有对象上，请选择“随图层”。在“根据图层附着”对话框中选择一个图层。

(4) 选择“确定”。

(5) 再次渲染模型以查看效果。

3.8.4 设置背景

选择"视图—渲染—背景"命令或单击"渲染"工具栏中的按钮,翻开"背景"对话框(见图 3-69),可设置背景色为纯色、渐变色、图像及合并色。

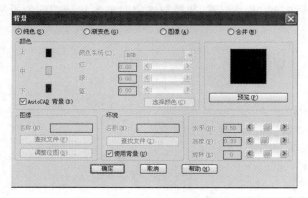

图 3-69 "背景"对话框

练一练:

将自己所绘制的模型渲染出图。

综合训练

以下图纸为黄冈某小区真实户型尺寸及相应设计资料，按照要求绘制建筑施工图。

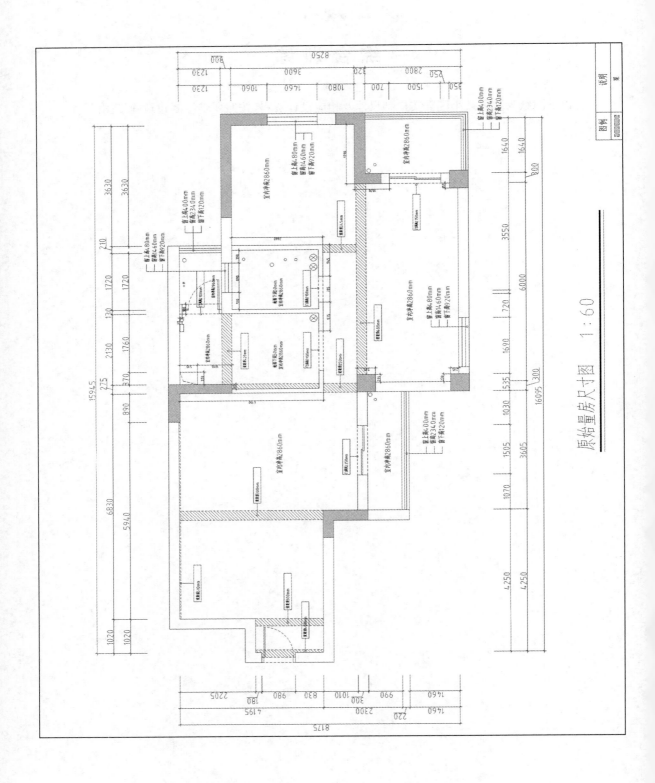

原始量房尺寸图　1:60

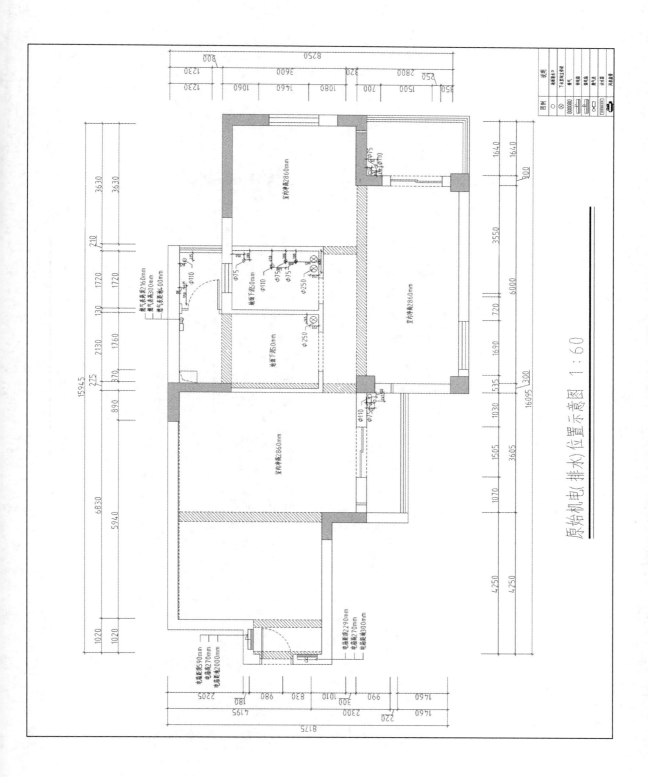

原始机电(排水)位置示意图 1:60

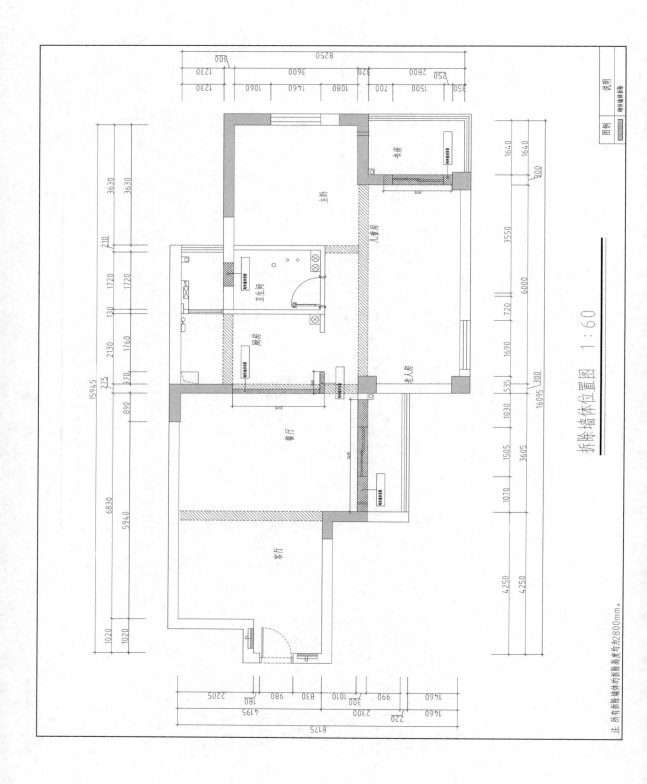

拆除墙体位置图 1：60

注 所有拆除墙体的拆除高度均为2800mm。

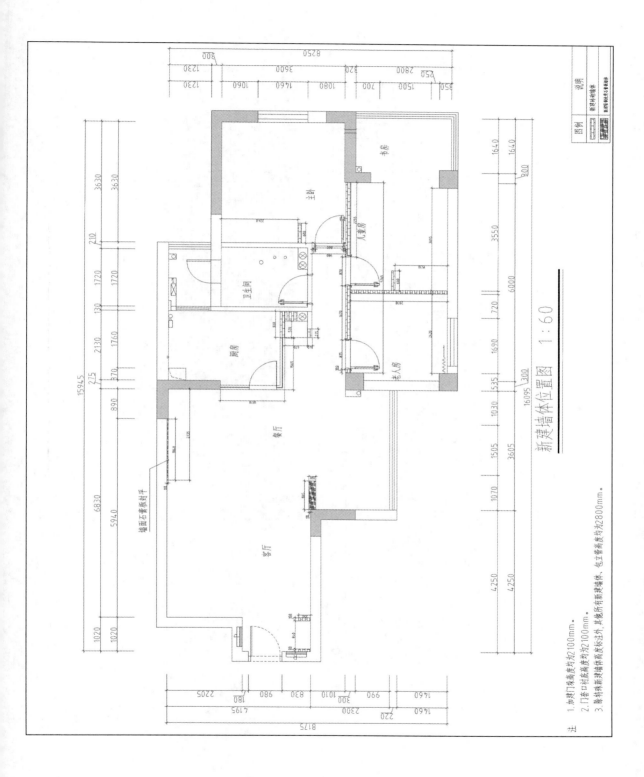

新建墙体位置图 1:60

182

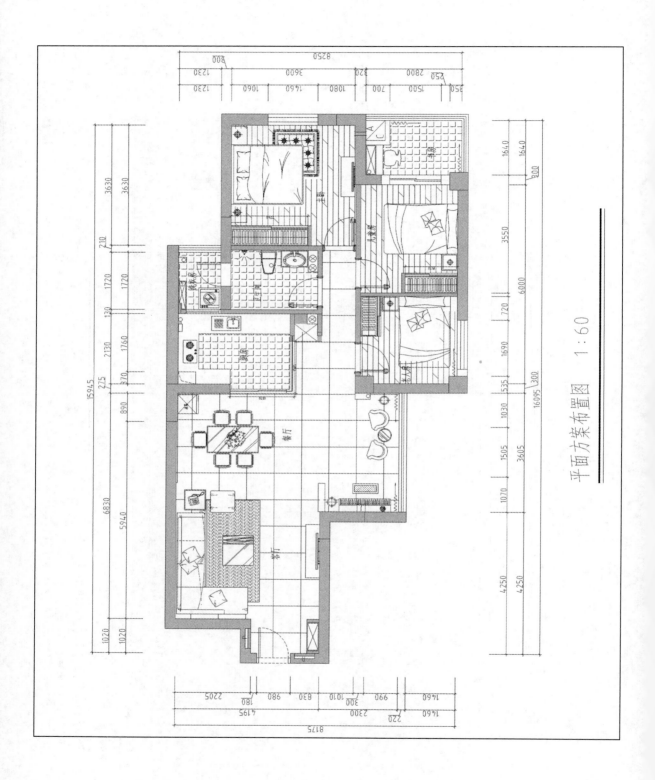

平面方案布置图 1:60

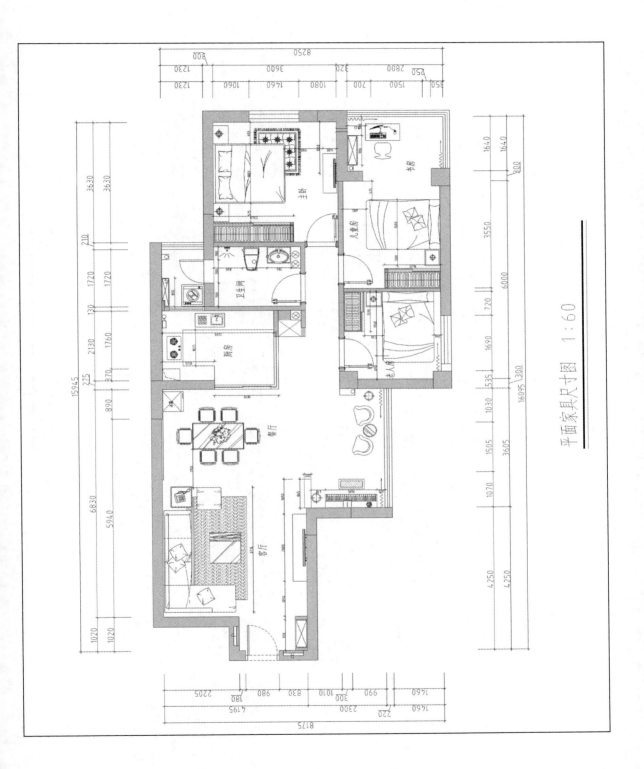

平面家具尺寸图 1:60

184

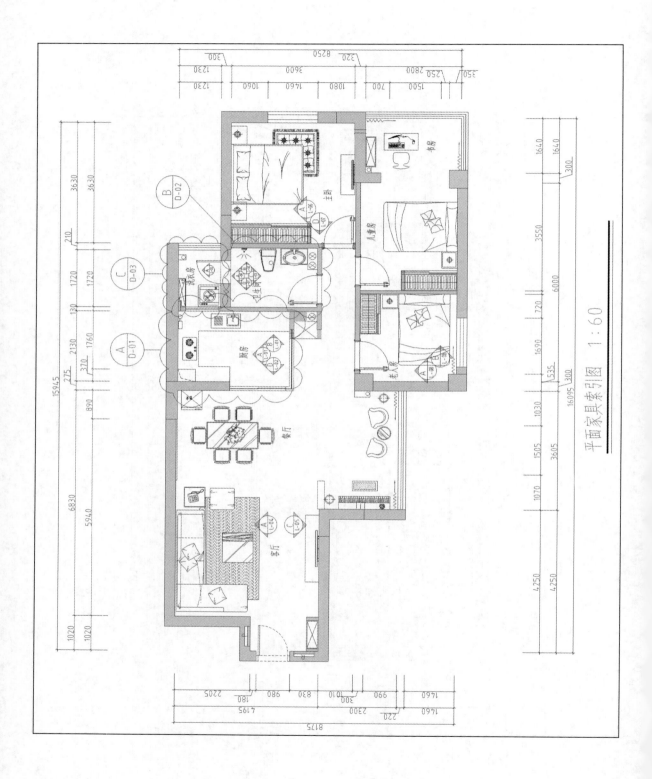

平面家具索引图 1：60

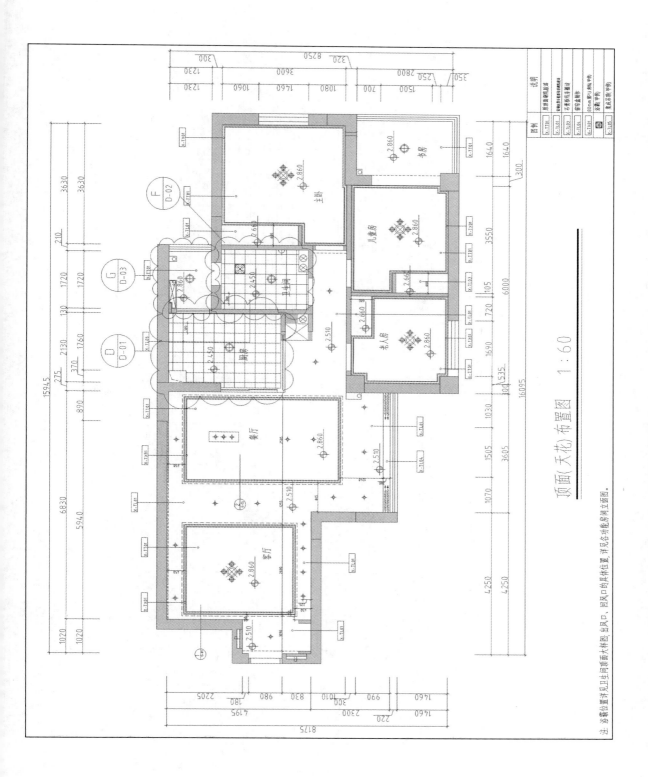

顶面(天花)布置图 1:60

注 冷凝位置详见卫生间顶面大样图,出风口、回风口的具体位置,详见各分散房间立面图。

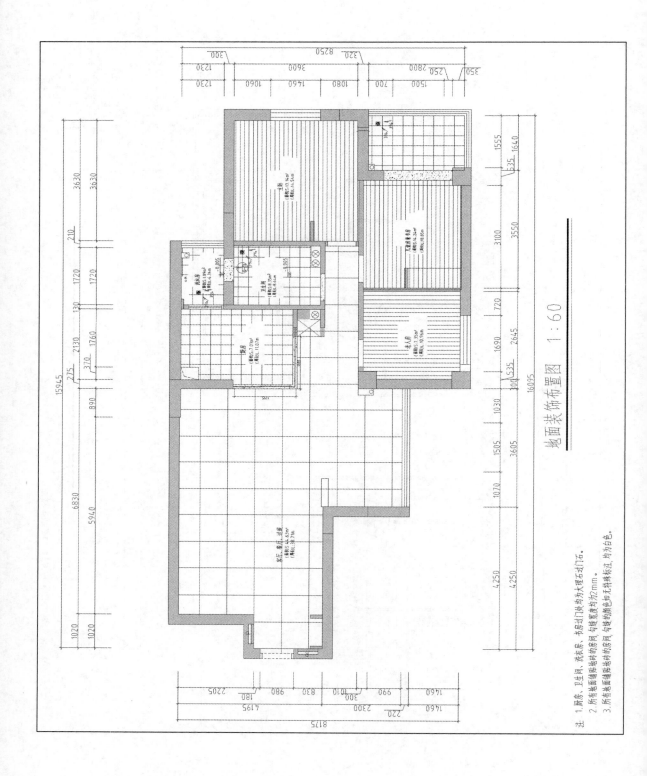

地面装饰布置图 1：60

注：1. 卧房、卫生间、洗衣房、书房过门石均为大理石过门石。
2. 所有地面铺贴地砖的房间，勾缝宽度均为2mm。
3. 所有地面铺贴地砖的房间，勾缝的颜色如无特殊标注，均为白色。

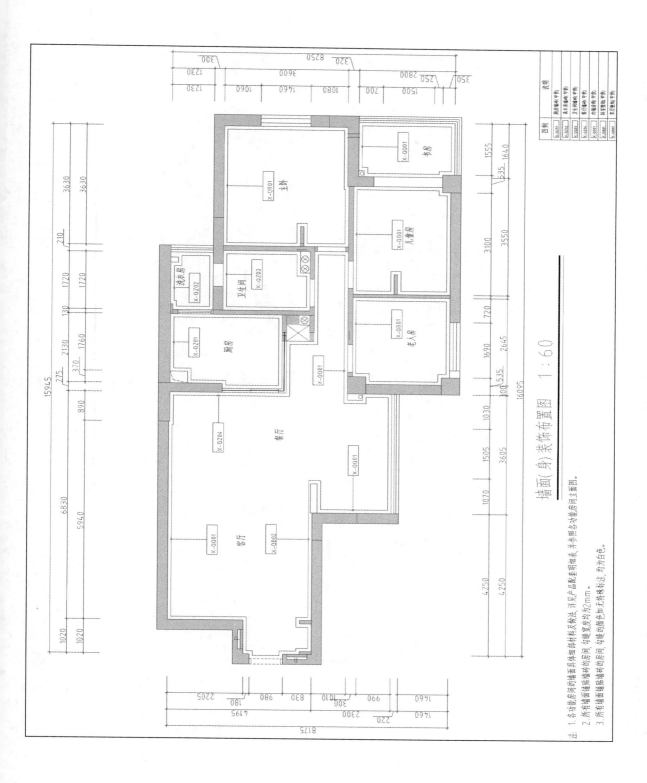

墙面（身）装饰布置图 1:60

注: 1. 各功能房间的墙面具体细部材料及做法, 详见户品套图细表, 并参照各功能房间立面图。

2. 所有镶贴墙砖墙砖的房间, 勾缝宽度均为2mm。

3. 所有镶贴墙砖墙砖的房间, 勾缝的颜色如无特殊标注, 均为白色。

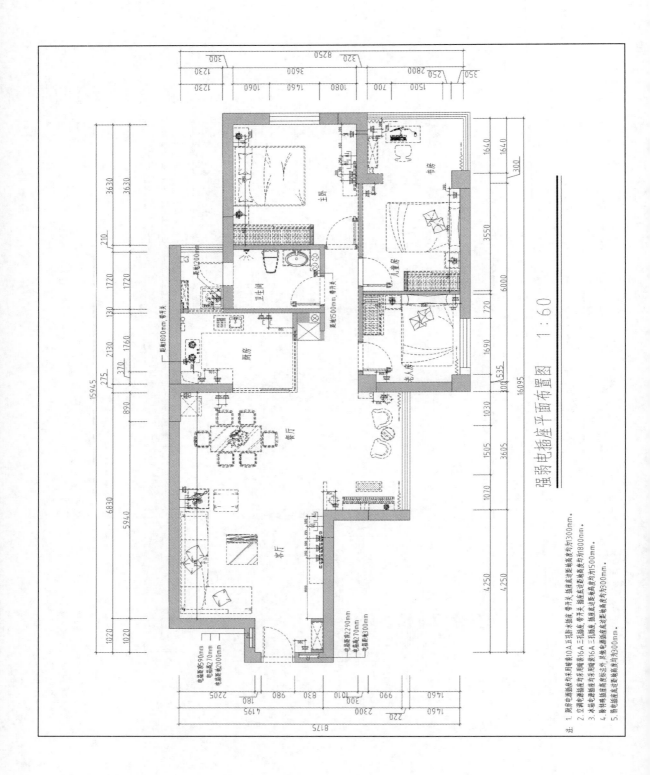

强弱电插座平面布置图 1:60

注: 1. 图房中弱插座采用暗装10A五孔面木插座,带开关,插座底边距地墙高度均约300mm。
2. 空调弱插座选择采用墙表16A三孔插座,带开关插座底边距地墙高度为1800mm。
3. 冰箱中弱插座选择采用墙表16A三孔插座,插座底边距地墙高度约为1500mm。
4. 除特殊插座高度标注外,只墙电器插座底边距地墙高度均为300mm。
5. 弱电插座底边距地墙高度均为300mm。

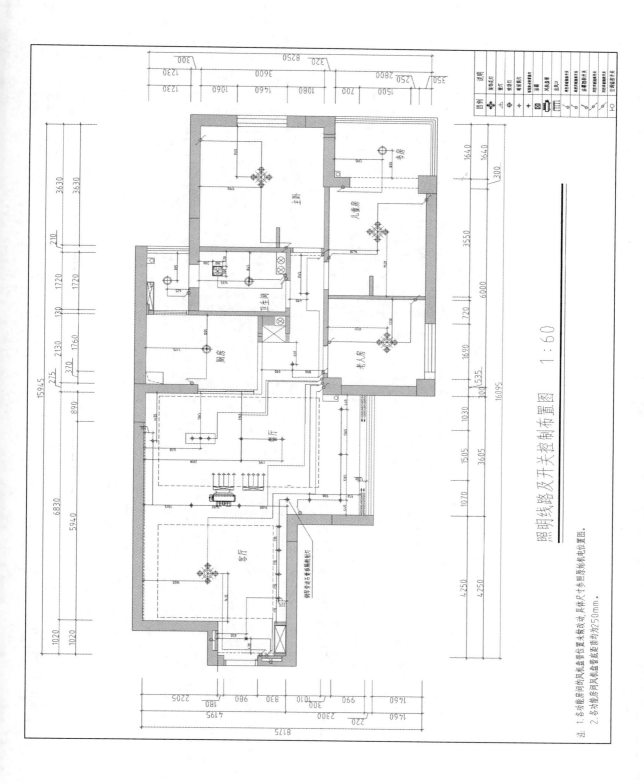

照明线路及开关控制布置图 1:60

注：1.各功能房间的风机盘管置位置主要做改动 具体尺寸参照吊顶平参照吊顶布局位置图。
2.各功能房间风机盘管置底标高均为250mm。

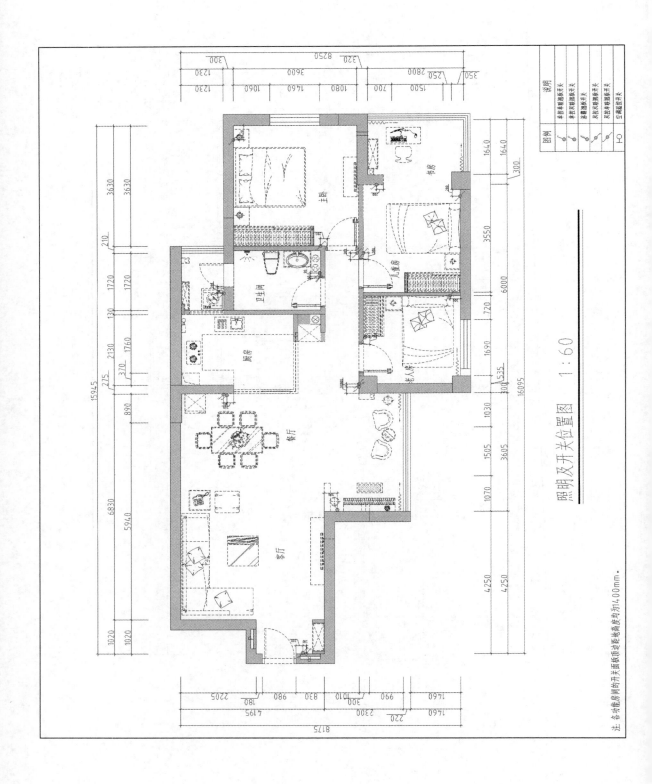

照明及开关位置图 1:60

注：各功能房间的开关面板波顶面距地高度均为1400mm。

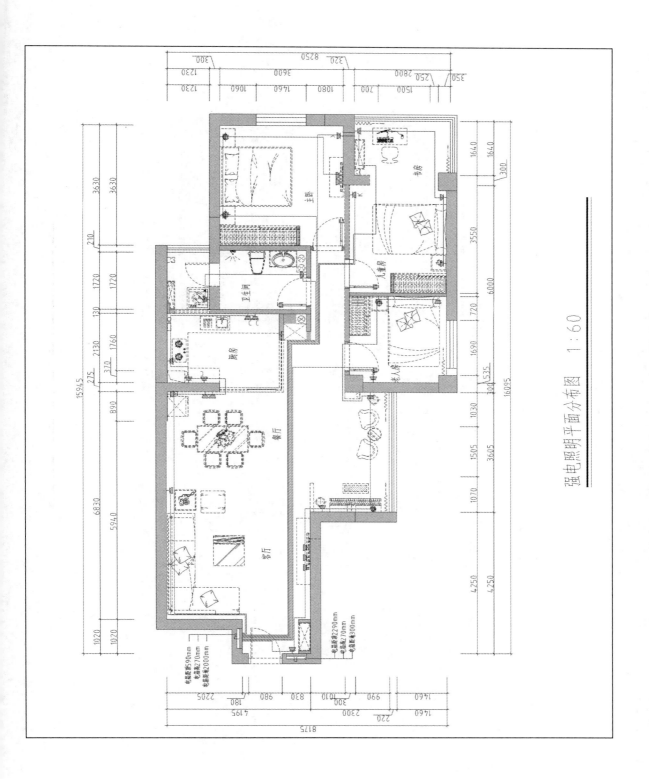

强电照明平面分布图 1：60

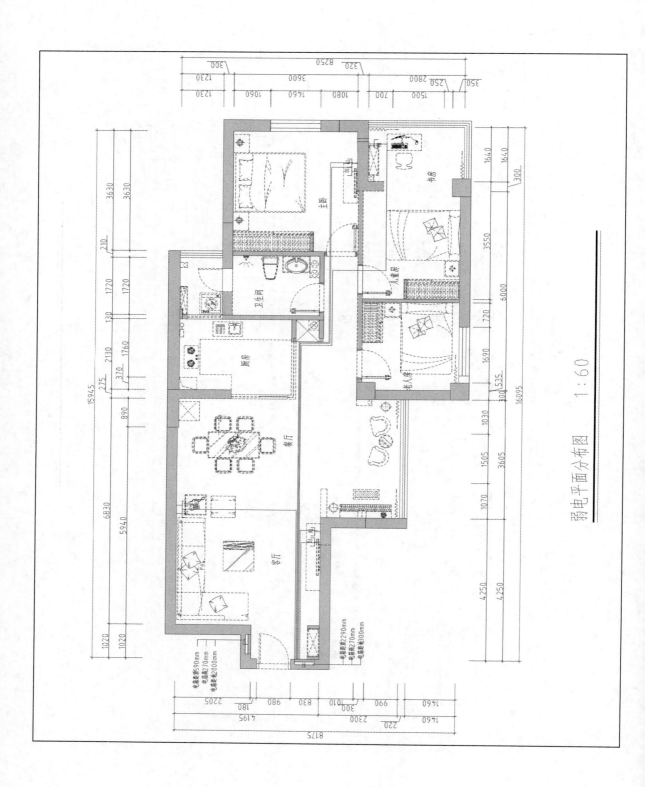

弱电平面分布图 1:60

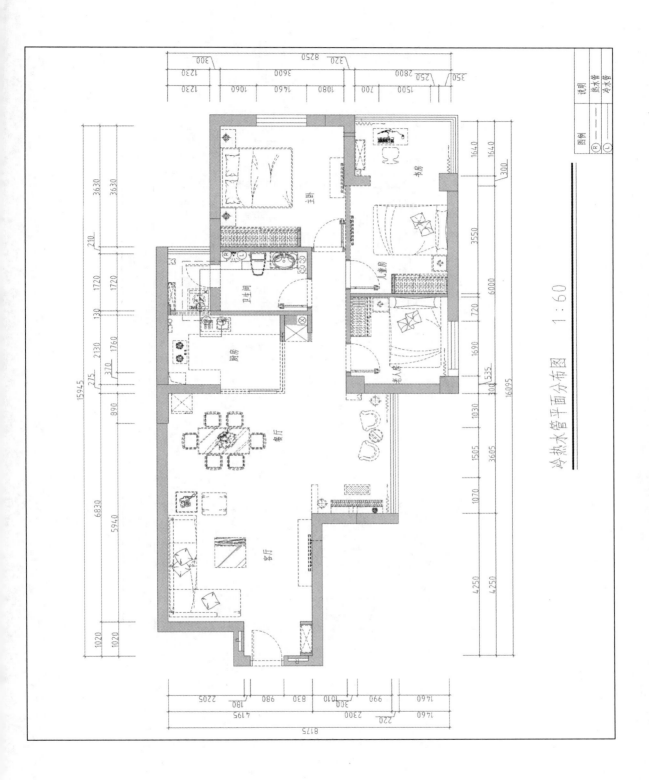

冷热水管平面分布图 1:60

194

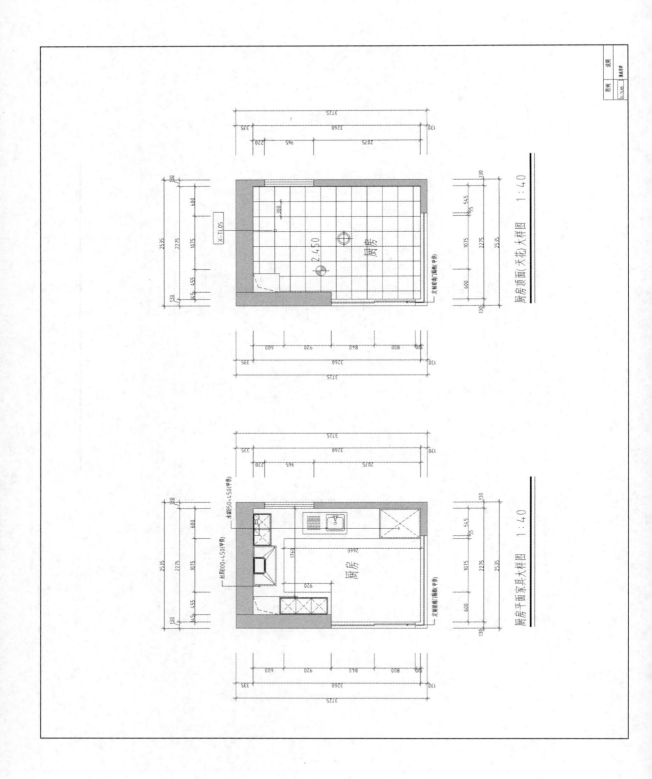

厨房顶面天花大样图 1:40

厨房平面家具大样图 1:40

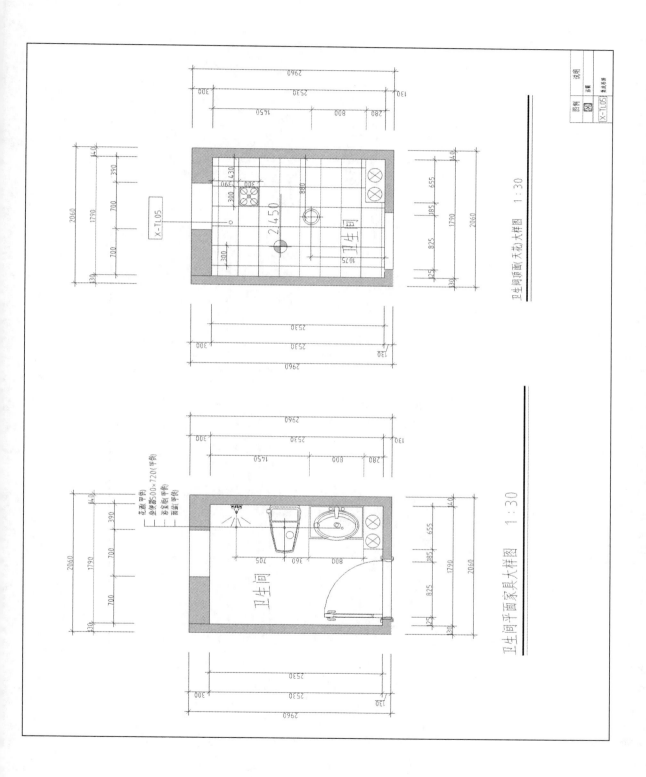

卫生间顶面天花大样图 1:30

卫生间平面家具大样图 1:30

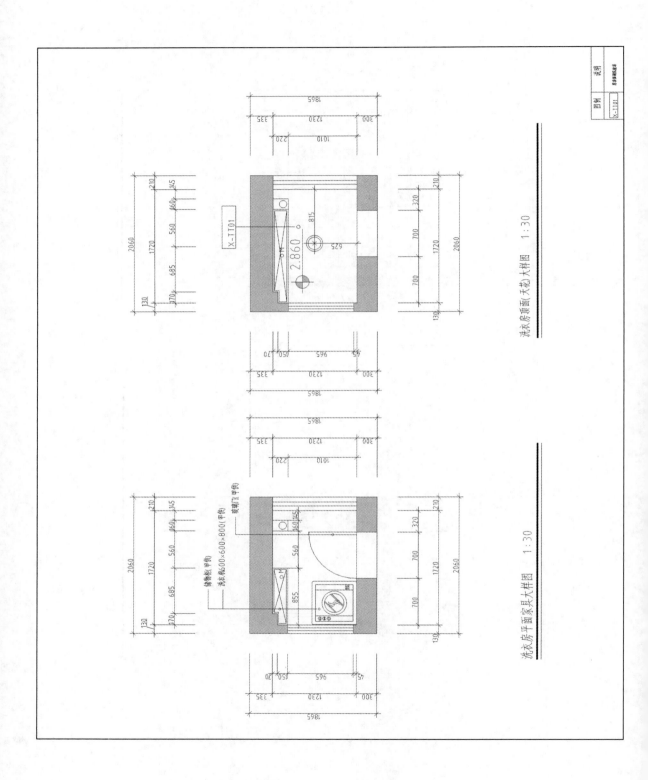

洗衣房顶面(天花)大样图 1:30

洗衣房平面家具大样图 1:30

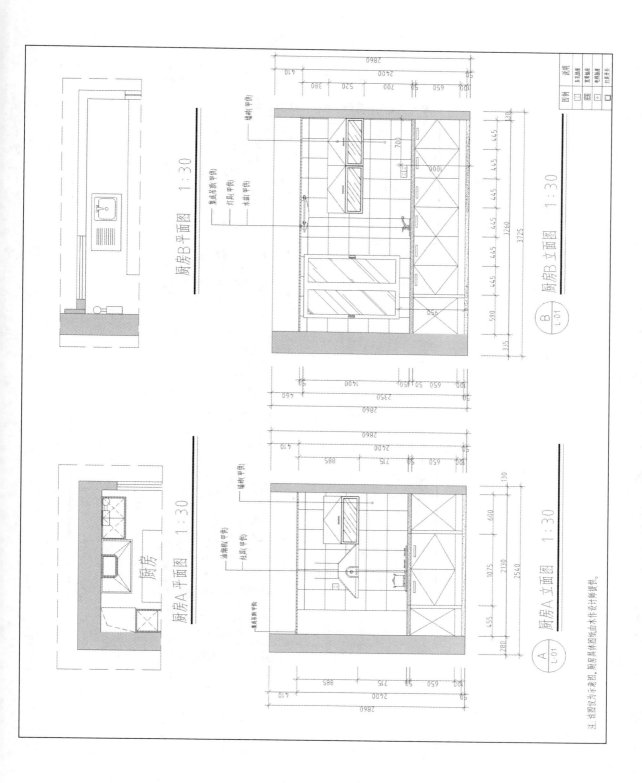

厨房B平面图 1:30

厨房B立面图 1:30

厨房A平面图 1:30

厨房

厨房A立面图 1:30

注:该图仅为示意图,厨房具体图纸由木作设计师提供。

198

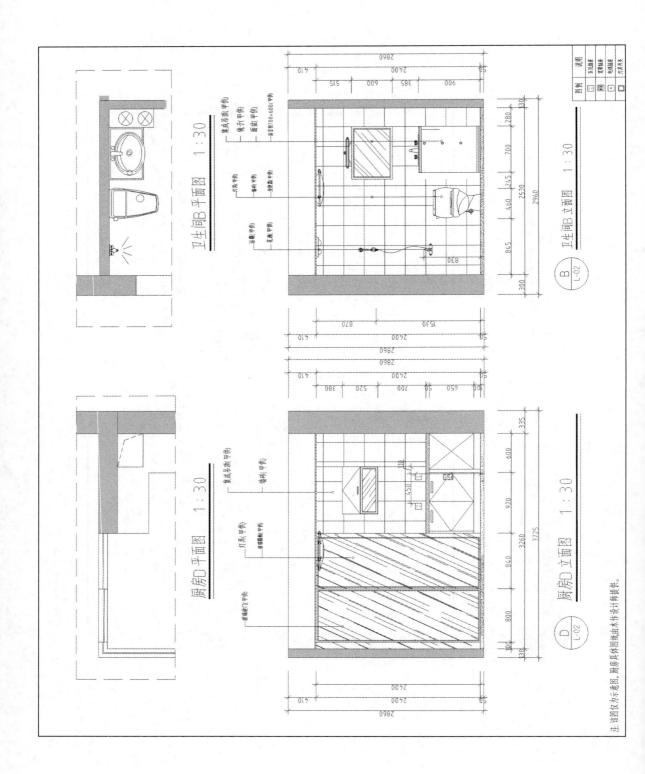

注：该图仅为示意图，厨房具体框架图纸由木作设计师提供。

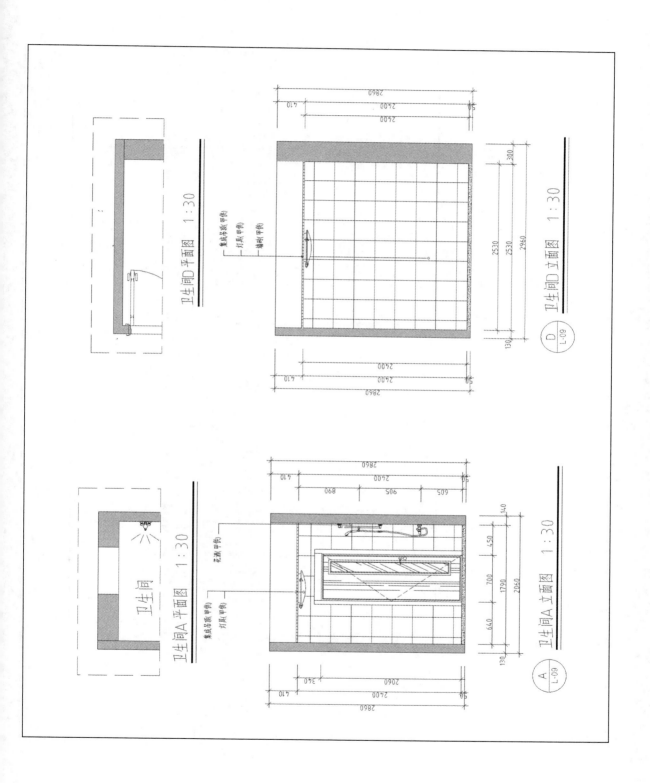

卫生间D平面图 1:30

卫生间D立面图 1:30

集成吊顶(甲供)
灯具(甲供)
墙砖(甲供)

D
L-09

卫生间

卫生间A平面图 1:30

卫生间A立面图 1:30

集成吊顶(甲供)
灯具(甲供)
花洒(甲供)

A
L-09

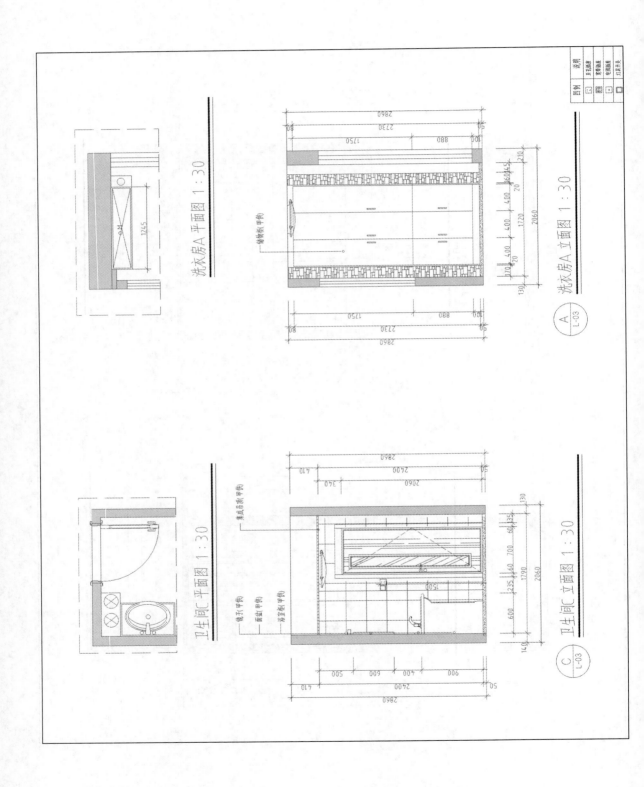

洗衣房A平面图 1：30

洗衣房A立面图 1：30

A
L-03

卫生间C平面图 1：30

卫生间C立面图 1：30

C
L-03

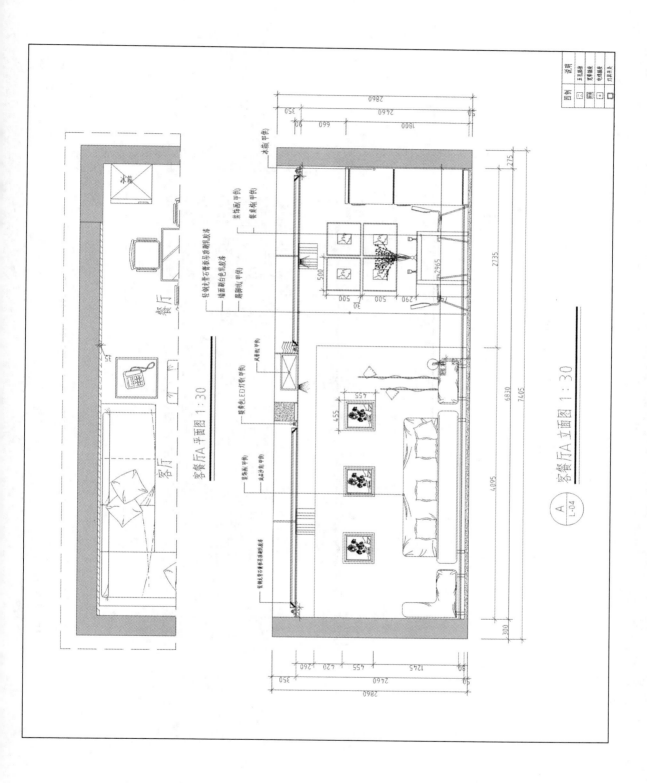

客餐厅A平面图 1：30

客餐厅A立面图 1：30

A
L-04

202

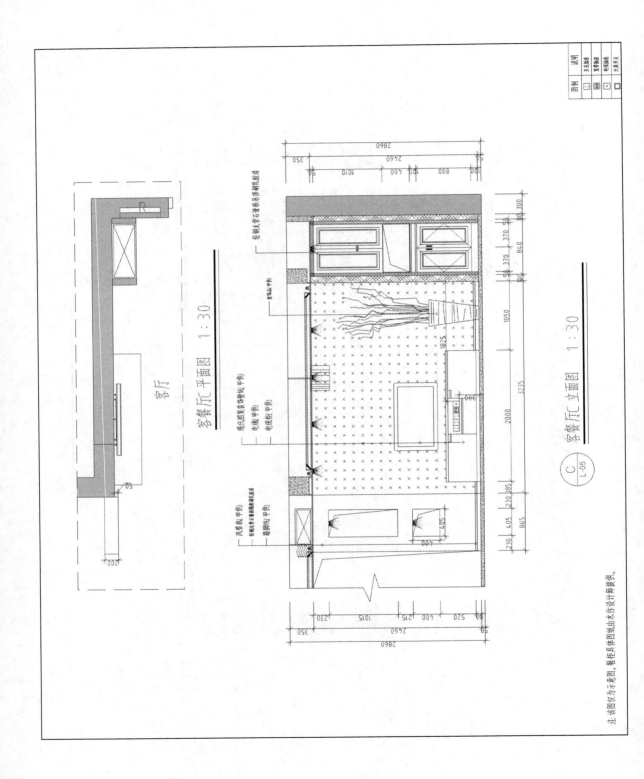

客餐厅平面图 1:30

客餐厅立面图 1:30

客厅

注:该图仅为示意图,鞋柜及具体图纸由木作设计师提供。

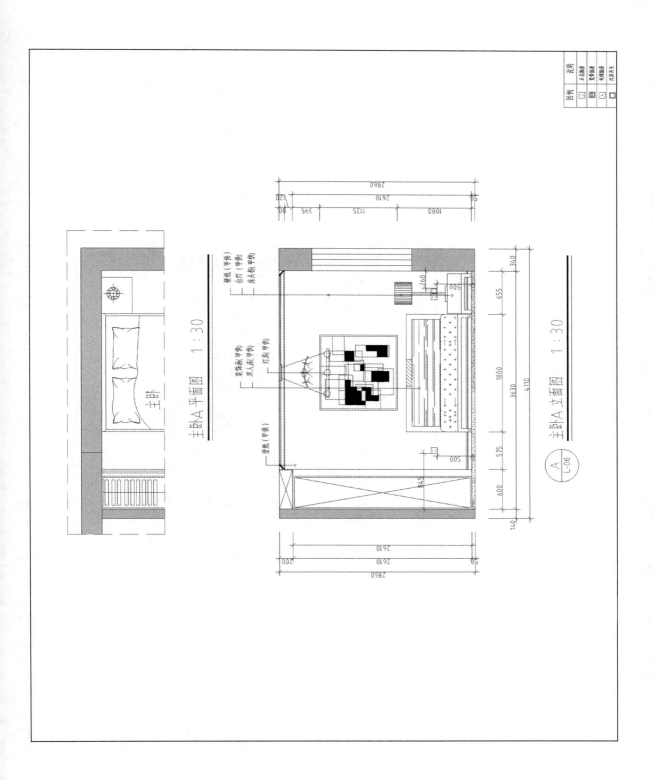

主卧A 平面图 1:30

主卧A 立面图 1:30

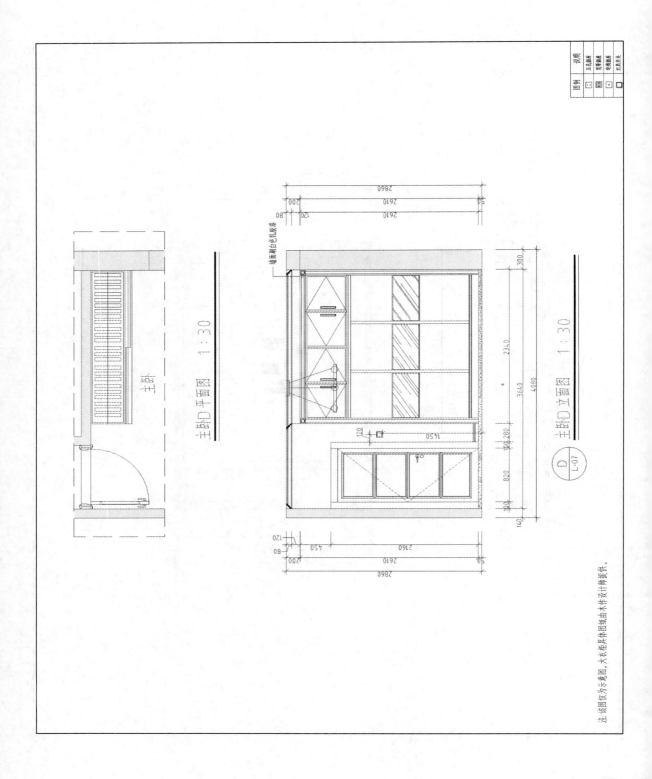

主卧平面图 1:30

主卧立面图 1:30

D
L-07

墙面刷白色乳胶漆

注：该图仅为示意图，大衣柜具体拆解图纸由木作设计师提供。

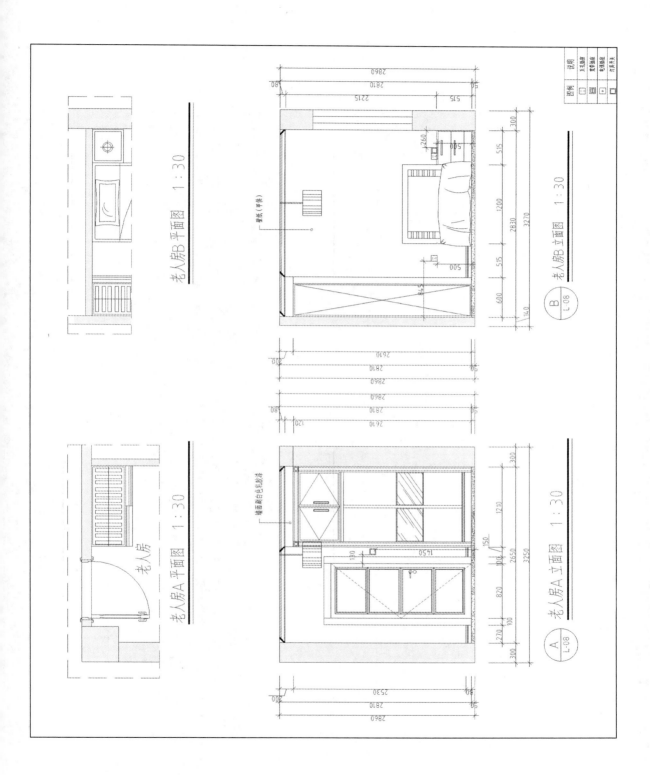

老人房B 平面图 1:30

老人房B 立面图 1:30

B
L-08

老人房A 平面图 1:30

老人房A 立面图 1:30

A
L-08

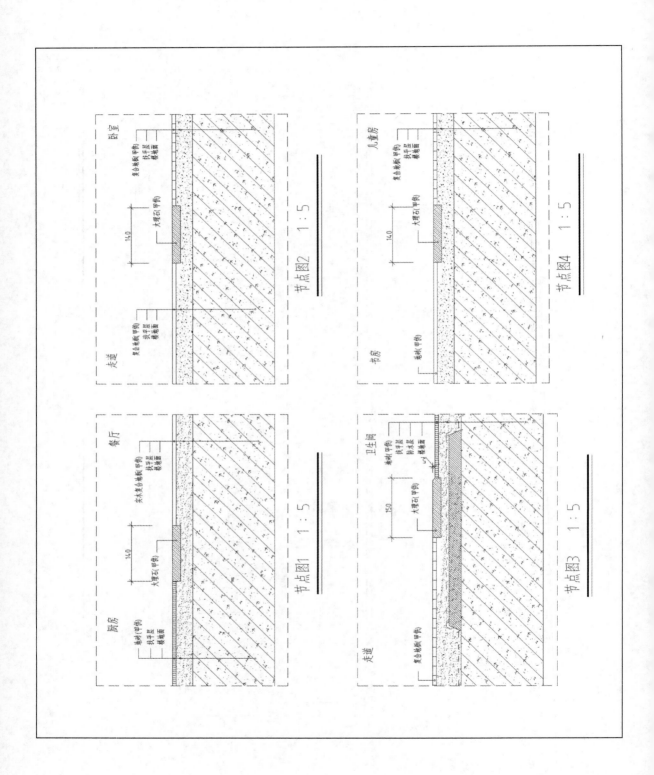

节点图1 1:5

节点图2 1:5

节点图3 1:5

节点图4 1:5

附录　常见 AutoCAD 快捷命令

一、字母类快捷命令

1. 对象特性

ADC(设计中心,"Ctrl + 2")

CH(修改特性,"Ctrl + 1")

MA(属性匹配)

ST(文字样式)

COL(设置颜色)

LA(图层操作)

LT(线型)

LTS(线型比例)

LW(线宽)

UN(图形单位)

ATT(属性定义)

ATE(编辑属性)

BO(边界创建,包括创建多段线和面域)

AL(对齐)

EXIT(退出)

SE(草图设置)

PT(点样式)

EXP(输出其他格式文件)

IMP(输入文件)

OP(自定义 CAD 设置)

PRINT(打印)

PU(清除垃圾)

RE(重新生成)

REN(重命名)

SN(捕捉栅格)

DS(设置极轴追踪等)

OS(设置捕捉模式)

PRE(打印预览)

TO(工具栏)

V(命名视图)

AA(面积)

DI(距离)

LI(显示图形数据信息)

HE(编辑填充)

2. 绘图命令

PO(点)

L(直线)

XL(构造线)

PL(多段线)

ML(多线)

SPL(样条曲线)

POL(正多边形)

REC(矩形)

C(圆)

A(圆弧)

DO(圆环)

EL(椭圆)

REG(面域)

MT(多行文本)

T(文本)

B(块定义)

I(插入块)

W(写块)

H(填充)

3. 修改命令

CO(复制)	G(对象编组)
MI(镜像)	S(拉伸)
AR(阵列)	LEN(拉长)
O(偏移)	SC(比例缩放)
RO(旋转)	BR(打断)
M(移动)	CHA(倒角)
DIV(等分)	F(倒圆角)
E(删除, Del 键)	PE(多段线编辑)
X(分解)	ED(修改文本)
TR(修剪)	J(对接)
EX(延伸)	

4. 视窗缩放

P(平移)	Z + P(返回上一视图)
Z + 空格键 + 空格键(实时缩放)	Z + E(显示全图)

5. 尺寸标注

DLI(线性标注)	TOL(标注形位公差)
DAL(对齐标注)	LE(快速引出标注)
DRA(半径标注)	DBA(基线标注)
DDI(直径标注)	DCO(连续标注)
DAN(角度标注)	D(标注样式)
DCE(中心点标注)	DED(编辑标注)
DOR(坐标标注)	DOV(替换标注系统变量)
QDIM(快速标注)	

6. 捕捉命令

ENDP(捕捉到端点)	TAN(捕捉到切点)
MID(捕捉到中点)	PER(捕捉到垂足)
INT(捕捉到交点)	NOD(捕捉到节点)
CEN(捕捉到圆心)	NEA(捕捉到最近点)
QUA(捕捉到象限点)	

7. 其他命令

CAL(计算器)	QSE(快速选择)
ID(指定坐标)	LAYISO(图层隔离)
U(撤销)	LAYUNISO(恢复隔离图层)

LAYON(打开所有图层)

ISOLATE(隔离对象)

UNISOLATE(取消隔离对象)

MV(视口)

PS(图纸空间)

MS(模型空间)

WI(遮挡)

XC(块裁切)

DR(绘图次序)

二、常用 Ctrl 类快捷键

"Ctrl + 1"（修改特性）

"Ctrl + 2"（设计中心）

"Ctrl + 9"（命令行隐藏 / 显示）

"Ctrl + 0"（全屏模式）

"Ctrl + O"（打开文件）

"Ctrl + N"（新建文件）

"Ctrl + P"（打印文件）

"Ctrl + S"（保存文件）

"Ctrl + Z"（放弃）

"Ctrl + X"（剪切）

"Ctrl + C"（复制）

"Ctrl + V"（粘贴）

"Ctrl + B"（栅格捕捉）

"Ctrl + F"（对象捕捉）

"Ctrl + G"（栅格）

"Ctrl + L"（正交）

"Ctrl + W"（对象追踪）

"Ctrl + U"（极轴）

三、常用功能键

F1：HELP(帮助)。

F2：命令行文本窗口 。

F3：OSNAP(对象捕捉)。

F4：三维对象捕捉。

F5：等轴测平面切换。

F6：动态 UCS。

F7：GRID(栅格)。

F8：ORTHO(正交)。

F9：栅格捕捉。

F10：极轴。

F11：对象捕捉追踪。

F12：动态输入。